金经昌中国青年规划师创新论坛系列文集

空间治理与美好人居

第8届金经昌中国青年规划师创新论坛文集

金经昌中国青年规划师创新论坛组委会　主编

中国建筑工业出版社

图书在版编目(CIP)数据

空间治理与美好人居：第8届金经昌中国青年规划师创新论坛文集 / 金经昌中国青年规划师创新论坛组委会主编. 一北京：中国建筑工业出版社，2020.12
（金经昌中国青年规划师创新论坛系列文集）
ISBN 978-7-112-25608-2

Ⅰ. ①空… Ⅱ. ①金… Ⅲ. ①城市规划－文集 Ⅳ. ①TU984-53

中国版本图书馆CIP数据核字(2020)第231854号

责任编辑：胡　毅　滕云飞
责任校对：王　烨
装帧设计：完　颖
装帧制作：南京月叶图文制作有限公司

金经昌中国青年规划师创新论坛系列文集
空间治理与美好人居
第8届金经昌中国青年规划师创新论坛文集
金经昌中国青年规划师创新论坛组委会　主编

*
中国建筑工业出版社 出版、发行(北京海淀三里河路9号)
各地新华书店、建筑书店经销
北京中科印刷有限公司印刷
*
开本：880毫米×1230毫米　1/32　印张：2¾　字数：61千字
2021年1月第一版　2021年1月第一次印刷
定价：**98.00**元（含增值服务）
ISBN 978-7-112-25608-2
(36580)

内 容 提 要

本书基于2019年5月在同济大学举办的以“空间治理与美好人居”为主题的“第8届金经昌中国青年规划师创新论坛”的发言稿和学术论文，系统反映了“空间规划体系改革”、“城乡统筹与规划变革”、“城市设计与文化传承”、“城市更新与社区治理”和“研究方法与技术创新”五个领域全国高校、设计院等科研机构的创新思考与实践。

金经昌中国青年规划师创新论坛以“倡导规划实践的前沿探索，搭建规划创新的交流平台，彰显青年规划师的社会责任”为宗旨，由中国城市规划学会、同济大学、金经昌—董鉴泓城市规划教育基金联合主办，同济大学建筑与城市规划学院、上海同济城市规划设计研究院有限公司承办，长三角城市群智能规划协同创新中心、《城市规划学刊》编辑部、《城市规划》编辑部、中国城市规划学会学术工作委员会、中国城市规划学会青年工作委员会、上海市城市规划行业协会参与协办，是一个集思广益、推动发展的平台，助力青年规划师起飞、成长，肩负中国城市发展的历史使命。

本书适合城市规划工作者，城市规划专业大专院校师生参考阅读。

第 8 届金经昌中国青年规划师创新论坛

主办单位

中国城市规划学会

同济大学

金经昌—董鉴泓城市规划教育基金

承办单位

同济大学建筑与城市规划学院

上海同济城市规划设计研究院有限公司

协办单位

长三角城市群智能规划协同创新中心

《城市规划学刊》 编辑部

《城市规划》 编辑部

中国城市规划学会学术工作委员会

中国城市规划学会青年工作委员会

上海市城市规划行业协会

《空间治理与美好人居
第 8 届金经昌中国青年规划师创新论坛文集》

前　言

亚里士多德说过，“人们来到城市是为了生活，人们居住在城市是为了生活得更好。”从城市诞生时起，创造人类美好生活，就一直是城市建设的最主要目标。在这一目标下，聚落与旷野，城市和乡村，相辅相成，互为映照，不仅成就了人们生活的共同家园，更是成为人类文明进步的命运共同体。城市的问题，就是乡村的问题，城市问题也从来无法独立于乡村问题而存在。城乡发展中的种种困难与挑战，其背后就是人类文明进程中的崎岖之路和警示之钟。

十九大报告中指出，中国特色社会主义进入新时代，我国社会主要矛盾已经转化为人民日益增长的美好生活需要与不平衡不充分的发展之间的矛盾。城市和乡村的发展过程中也同样面临着不平衡、不充分的矛盾。我们当“不忘初心，牢记使命”，以习近平新时代中国特色社会主义思想为指导，统筹“五位一体”总体布局，全面践行五大发展理念，坚持以人民为中心，为实现全体人民的共同幸福而努力。在这个新时代的背景下，各界青年规划师们，肩负着为城乡美好生活目标而努力奋斗的历史使命，重新思考城乡发展为人民服务的时代之问。

2019 年 5 月 18 日，第 8 届金经昌中国青年规划师创新论坛暨第四届金经昌中国城乡规划研究生论文竞赛颁奖在同济大学举行。论坛主题围绕“空间治理与美好人居”展开讨论，分为主论坛和平行分论坛两个环节。我们共邀请了 30 位青年规划师分别就“空间规划体系改革”、“城乡统筹与规划变革”、“城市设计与文化传承”、“城市更新与社区治理”、“研究方法与技术创新”五个议题展开创新思考与实践分享，共同探讨规划创新与发展。

“金经昌中国青年规划师创新论坛”以“倡导规划实践的前沿探索，搭建规划创新的交流平台，彰显青年规划师的社会责任”为宗旨，由中国城市规划学会、同济大学、金经昌—董鉴泓城市规划教育基金联合主办，同济大学建筑与城市规划学院、上海同济城市规划设计研究院有限公司联合承办，长三角城市群智能规划协同创新中心、《城市规划学刊》编辑部、《城市规划》编辑部、中国城市规划学会学术工作委员会、中国城市规划学会青年工作委员会、上海市城市规划行业协会参与协办。“金经昌中国青年规划师创新论坛”是一项同济大学校园内的常设论坛，每年5月在同济大学校庆期间举办。

《空间治理与美好人居 第8届金经昌中国青年规划师创新论坛文集》是在上述论坛征稿基础上汇编而成。在此，我们衷心感谢所有参与论坛的专家学者、青年规划师和各个友好合作单位对论坛的大力支持，欢迎你们提出宝贵意见和建议，更热诚地希望你们给予长久的支持与帮助。

第8届金经昌中国青年规划师创新论坛组委会

2019年11月

目　录

6　前言

15　主题报告

16　“十四五”城镇化与城市建设国家重大项目的立项思考

吴志强　中国工程院院士、同济大学副校长、

德国工程院院士、瑞典科学院院士

19　国土空间规划工作思考

杨保军　中国城市规划设计研究院院长

21　规划改革与学科发展

张　兵　自然资源部国土空间规划局局长

23　空间规划体系改革

24　观点聚焦

28　主题论文

28　面向国土空间规划体系构建的广州城镇开发边界划定探索

李晓晖　吴　婕　雷　狄　广州市城市规划勘测设计研究院

28　国土空间规划五级三类体系强制性内容研究

马　强　上海同济城市规划设计研究院有限公司

28　市县国土空间总体规划编制思考和实践探索

肖志中　武汉市规划研究院

29　多维·协同：新时期市县国土空间总体规划实践思考

盛　鸣　深圳市城市规划设计研究院有限公司

29　地级市国土空间总体规划内容框架思考——以荆州市为例

贾晓韡　上海同济城市规划设计研究院有限公司

29　市县空间规划传导体系的实践探索

李　航　上海同济城市规划设计研究院有限公司

30　空间规划背景下城市工业用地比例研究

赵向阳　上海同济城市规划设计研究院有限公司

30　国土空间规划背景下的自然保护地体系——以西双版纳州景洪市为例

彭　灼　上海同济城市规划设计研究院有限公司

30 国土空间规划需求下的“双评价” 技术框架优化思考
黄 华 上海同济城市规划设计研究院有限公司
31 国土空间“三区三线” 划定的技术原则和思路内容探讨
魏旭红 开 欣 王 颖 郁海文 上海同济城市规划设计研究院有限公司

33 城乡统筹与规划变革
34 观点聚焦
38 主题论文
38 超越“美丽” 的乡村振兴之路——基于浙江省9镇36村地方产业驱动乡村发展的典型模式研究
陈 晨 徐浩文 耿 佳 同济大学建筑与城市规划学院
38 传统智慧对现代乡村治理的启示——从“白鹿原” 到现代乡村治理
张军飞 宋美娜 刘碧含 史 茹 陕西省城乡规划设计研究院
38 半城市化地区城乡规划实施探索——以深圳观湖下围土地整备利益统筹试点项目规划研究为例
兰 帆 林 强 深圳市规划国土发展研究中心
39 从空间供给到空间治理： 珠三角村镇工业化地区公共服务设施提升策略——以中山市西北部组团为例
李建学 广东省城乡规划设计研究院
39 特大城市空间结构的特征及绩效研究——以广州为例
范佳慧 张艺帅 同济大学建筑与城市规划学院
39 收缩城市镇村体系的社会规划方法——以通辽为例
陈诗飏 上海同济城市规划设计研究院有限公司
40 基于地级市城镇开发边界划定的实践与思考
唐小龙 江苏省城市规划设计研究院
40 政府干预视角下城镇体系协调发展的理论分析
李文越 清华大学建筑学院
40 西北地区资源型城镇开发边界划定的探索实践——以铜川市为例
王海涛 陕西省城乡规划设计研究院
41 运营时代下的城市战略规划探索——以普宁市为例
王 艳 深圳市蕾奥规划设计咨询股份有限公司
41 中国都市圈高质量发展的空间逻辑
吴昊天 张志恒 李穆琦 深圳市城市空间规划建筑设计有限公司

41 以人为本的国土空间规划范式解读——以协调“永久基本农田保护红线”与“城镇开发边界”为例
洪梦谣 夏俊楠 武汉大学城市设计学院

42 乡村振兴背景下山地乡村小学的困境与规划探索——基于重庆18个深度贫困乡镇的小学布局研究
吴星成 重庆市规划设计研究院

42 博弈与共赢——乡村改造中规划与实施的初探
高敏黾 上海同济城市规划设计研究院有限公司

42 基于小城镇生活圈的城乡公共服务设施配置优化——以辽宁省瓦房店为例
康晓娟 上海同济城市规划设计研究院有限公司

43 关于乡村人居环境整治在规划层面的思考——基于锦溪镇现状调研
蒋秋奕 上海同济城市规划设计研究院有限公司

43 由乡村垃圾“城镇化”引发的思考——以岚县乡村振兴规划为例
吕 帅 上海同济城市规划设计研究院有限公司

43 重焕光彩的珍珠小镇——诸暨市山下湖珍珠小镇景观规划浅析
逄丽娟 上海同济城市规划设计研究院有限公司

45 城市设计与文化传承

46 观点聚焦

50 主题论文

50 基于历史文脉梳理与大数据分析的地域线性文化遗产活化研究——以宁波市域古道为例
田 轲 林乃锋 陈 刚 陈凯莹 深圳市蕾奥规划设计咨询股份有限公司浙江分公司

50 盛京皇城历史文化街区价值认定与风貌管控探索
李晓宇 毛 兵 高 峰 王文琪 夏镜朗 张子航 沈阳市规划设计研究院有限公司

50 历史维度下的“城市双修”再认识
菅泓博 西安建筑科技大学建筑学院

51 “人间烟火”柴米油盐也有诗和远方——通过社区营造进行旧城存量更新
张海翱 上海交通大学设计学院

51 城市公共空间失序的识别、测度与影响评价——北京五环内基于街景图片虚拟审计的大规模分析
陈婧佳 龙 瀛 清华大学建筑学院

51　重塑公园开放，链接城市步网——“开放街区化”的理念和启示
吕圣东　上海同济城市规划设计研究院有限公司
52　文化特质彰显与空间品质提升的耦合设计路径探索——以苏州胥口镇孙武路周边地块城市设计为例
林凯旋　北京清华同衡规划设计研究院有限公司长三角分公司
52　新时代地域文化符号的空间应用与创新——以广东省岭南文化空间塑造为例
伊曼璐　广东省城乡规划设计研究院
52　人本思想导向下的宜居环境规划建设实践与思考——以西咸新区为例
唐　龙　朱　佳　康若荷　张海丹　陕西省城乡规划设计研究院
53　预则立，不预则“费”——西咸新区空间“预治理”方案初探
曹　静　王　哲　深圳蕾奥规划设计咨询股份有限公司
53　生态与信息文明时代的产业园区转型发展与规划响应探索——以沈阳中德高端装备制造产业园为例
李晓宇　沈阳市规划设计研究院有限公司　朱京海　中国医科大学
范继军　华东建筑设计研究总院　张　路　沈阳市园林规划设计研究院
54　文化基因视角下一般历史地段风貌区的保护与更新研究——无锡南泉古镇的保护与更新
王　波　四川大学锦城学院　张俭生　苏州规划设计研究院股份有限公司
54　昆山市道路桥梁桥下空间利用规划与导则
王　琪　肖　飞　苏州规划设计研究院有限公司昆山分公司
吴　瑕　刘　宇　昆山市交通运输局
54　河津城市绿色空间历史回归型修补方法探索
张　雯　西安建大城市规划设计研究院
55　柔软的城市——关于空间社会弹性的思考与实践
蔡一凡　上海同济城市规划设计研究院有限公司
55　非成片历史风貌地段公共空间活力重塑——以上海北京东路地区为例
刘曦婷　上海同济城市规划设计研究院有限公司
55　走向滨江：浦东滨江绿地空间优化初探
牛珺婧　上海同济城市规划设计研究院有限公司
56　基于需求多样化的公共空间优化研究——以成都市为例
陶　乐　上海同济城市规划设计研究院有限公司
56　从“网红圣地”到城市空间的可识别
张庚梅　上海同济城市规划设计研究院有限公司

56 从“搬进来” 到“活出彩” ——以右所镇西湖村生态搬迁安置区为例
许景杰 上海同济城市规划设计研究院有限公司

57 城市更新与社区治理

58 观点聚焦

62 主题论文

62 城中村更新治理的公租房模式探讨——以深圳市柠盟人才公寓改造为例
张 艳 深圳大学建筑与城市规划学院

62 从“管理” 走向“治理”: 实现广州美好人居的城市更新之路
万成伟 中国人民大学城市规划与管理系

62 释放活力, 协同创新, 共享成果——城市“微更新” 制度化建设的路径初探
张莞莅 深圳市蕾奥规划设计咨询股份有限公司

63 社区微更新的制度化路径——试议浦东新区缤纷社区建设
赵 波 上海市浦东新区规划和自然资源局

63 健康导向社区公共空间微更新规划方法及实践探索——以上海市开鲁新村为例
杜怡锐 颜少杰 王 兰 谢俊民 同济大学建筑与城市规划学院

63 从产业重构到空间更新——株洲清水塘老工业区改造规划实践与启示
徐剑光 上海同济城市规划设计研究院有限公司

64 健康城市引导下的城市空间治理——中国医科大学老校区地区改造为例
金锋淑 沈阳市规划设计研究院有限公司 朱京海 中国医科大学
李 岩 辽宁远天城市规划有限公司

64 中日城市地下空间规划体系对比研究
袁 红 西南交通大学建筑与设计学院 李 迅 中国城市规划设计研究院
何 媛 西南交通大学建筑与设计学院

65 从菜场到市场——浅议上海传统社区菜场的空间品质提升
袁俊杰 上海同济城市规划设计研究院有限公司

65 新标准影响下的居住区公共空间布局思考
陈晶莹 上海同济城市规划设计研究院有限公司

65 基于不同年龄人群的公共服务设施配置研究
陈亚辉 上海同济城市规划设计研究院有限公司

66 “精细化” 视角下的“城市微更新” ——以苏家屯路美丽街区提升规划为例
程 婷 上海同济城市规划设计研究院有限公司

66 **垃圾攻略——构建无废社区的实践探讨**

段王娜　上海同济城市规划设计研究院成都分院

66 **为大众做的公共休闲产品——以环巢湖国家旅游休闲区为例**

黎　慧　上海同济城市规划设计研究院有限公司

67 **从棕色到绿色遗产——基于云南省禄丰县德胜钢厂搬迁改造的思考**

徐春雨　上海同济城市规划设计研究院有限公司

67 **公共与公平——场景营造视角下旧工业区更新的方法组合论**

王剑威　上海同济城市规划设计研究院有限公司

69 研究方法与技术创新

70 **观点聚焦**

74 **主题论文**

74 **基于“目标—制度—内容”设计逻辑的控规改革思考**

曾祥坤　深圳市蕾奥规划设计咨询股份有限公司

74 **基于LBS/手机信令大数据的城市交通分析与评价技术方法研究**

胡刚钰　张　乔　方文彦　上海同济城市规划设计研究院有限公司

黄建中　同济大学建筑与城市规划学院

74 **新型数据在城市诊断中的应用研究——以廊坊市“城市双修”总体规划为例**

韩胜发　董亚涛　上海同济城市规划设计研究院有限公司

75 **基于多源大数据的“人居品质评估”实践**

付昊琨　北京城市象限科技有限公司

75 **城市居住人口空间分布与发展变化研究方法探讨——基于居民到户用水数据**

邢栋　王骏　上海同济城市规划设计研究院有限公司

75 **新经济、新空间、新方法**

王　旭　深圳市规划国土发展研究中心

76 **城镇村公路交通网络可靠性特征与经济联系关联分析**

魏　猛　葛国钦　蔡浩田　张　然　胡东洋　姜俊宏　重庆大学建筑城规学院

76 **让互联网赋能城市空间**

刘竞辰　上海同济城市规划设计研究院有限公司

76 **浅谈基于数字技术的山水环境场地空间分析**

邱燕娇　上海同济城市规划设计研究院有限公司

77 **浅析新兴城市数据在城市规划中的应用**

沈娅男　上海同济城市规划设计研究院有限公司

77 **ICT对传统社区配套公共服务设施发展的影响**
肖飞宇　上海同济城市规划设计研究院有限公司

77 **夜间灯光数据在城市群分析研究中的运用方法**
丁家骏　上海同济城市规划设计研究院有限公司

79 后记

主题报告

“十四五”城镇化与城市建设国家重大项目的立项思考

吴志强 中国工程院院士、同济大学副校长、德国工程院院士、瑞典科学院院士

关于“十四五”城镇化与城市建设技术预测的背景与意义

历史上每一次国家科技发展预测工作都会制定《国家中长期科学和技术发展规划纲要》，对国家科技发展起到了重要的指导作用。中国特色社会主义进入新时代，当前我国社会主要矛盾已经转化为人民日益增长的美好生活需要与不平衡不充分的发展之间的矛盾。中国城镇化和城市发展也面临着“宏观上不平衡，微观上不充分”的主要问题。宏观层面，城镇化推进力量、空间差异日益扩大，东西差异进一步扩展为南北差异。微观层面，城镇化发展粗放低效，如中国风力发电技术水平和装机容量已接近德国，但只占总用电量的4%，与德国的11%相比，浪费巨大。

《国家中长期科学和技术发展规划纲要（2006—2020年）》将“城镇化与城市建设”纳入重点领域及优先主题，对规划科学的发展起到了历史性的推进作用，“城镇化与城市建设”从行政管理领域转入更多的科学技术探索领域，形成了城镇区域规划与动态检测、城市功能提升与空间节约利用、建筑节能和绿色建筑、城市生态居住环境质量保障、城市信息平台5个主题，具有非常强的前瞻性。

关于“十四五”城镇化与城市建设技术预测需要重点考虑的内容

“十四五”城镇化与城市建设技术预测需要重点考虑的内容包括城市发展超级技术的应用、地下空间合理的开发利用、三维地籍和时间上的动态迭代、旧城改造和城市更新，尤其是改革开放后市政房屋的更新以及城市发展总量规模等方面。城市的美好生活，不是简单地讨论城市规模，而更是取决于城市的治理能力。因此，“十四五”城镇化与城市建设技术预测包括五个重点方向：一是尊重城市生命规律，探索城市复杂生态理性的技术创新；二是数字化带来的城市规划与管理的技术变革；三是以可再生能源为主导的城市运营模式的技术支撑；四是大规模建设转入既有建筑维护提升的精细修缮阶段的技术探索，如混凝土寿命预测和延寿技术；五是市政基础设施功能提升的技术保障，如地下管道探漏与修复、城市排洪、城市垃圾处理等。规划科学的关键词在于“动态监测”，让城镇问题数据化，“软题硬化”。

关于“十四五”城镇化与城市建设技术预测的要求和思路

“十四五”城镇化与城市建设技术预测的要求和思路可以归纳为四个字：顶天立地。“顶天”，是指对上要有基础研究，争取重大突破，既包括重要的基础理论问题，也包括“卡脖子”和颠覆性关键技术问题。“立地”，是指对下要有应用领域的布局，满足发展需求，解决我国今后 15 年内城镇化和城市发展领域的重大需求。预测思路既包括需求导向下，根据现实问题寻找解决途径的思路，也包括文献导向下，根据世界科技发展动态和趋势来寻找颠覆性技术的思路。

纵观英、美、日、韩等国家，在经历城镇化率 50%～60% 阶段时，给世界城市规划学科都留下了重大技术进步的遗产。

如英国建立了规划法活体系；美国建立了城市规划学科、学会体系和第一个城市规划专业；日本贡献了大都市圈交通网络体系、历史文化保护体系；韩国贡献了城乡两手抓、新农村发展。目前，中国正在经历城镇化率从50%到60%的阶段，数字城市的关键技术已具雏形。吴院士指出，中国城市规划也一定能够为全世界做出自己的贡献，既以生命规律为导向，又以“大智移云”支撑创新的智能规划。

国土空间规划工作思考

杨保军　中国城市规划设计研究院院长

伴随着城镇化进程加速、高速工业化和生活质量要求不断提升，未来中国的能源消耗总量将会给世界资源环境造成不可承受的压力，而生态文明建设是实现中国和世界命运共同体可持续发展的唯一路径。生命共同体意味着“山水林田湖草城”是一个有机生命体，对规划理念和规划方法提出了新的要求。过去规划立足于城市开发建设、经济发展的角度考虑生态环境保护，现在规划需要站在生态文明建设的角度考虑城市发展。在生态文明核心思想指引下，需要建构“生态空间—农业空间—城镇空间”的位序，优先确保生态空间有序发展，其次确保农业空间的粮食安全，而城镇空间让位于生态和农业之后，合理、高效、集约利用是其发展目标。

关于国土空间规划，五级三类是编制体系框架，要把国土空间规划体系构建起来，实现生态文明，还需要编制审批体系、实施监督体系和技术标准体系的重构、完善和支撑。核心是要建立一个原则，分级授权、权责一致。国家级、省级、市级、县级、乡镇级在保持原则方向一致的前提下，管控内容要有所差异，下一层次逐步明确实施细则。经多方磨合，国土空间规划体系达成了若干共识和原则：突出生态优先、绿色发展；以人为本、提升品质；城乡统筹、区域协同；因地制宜、分类施策；全域覆盖、刚柔相济；事权明晰、以督定审。

关于国土空间规划体系研究课题，围绕战略性、科学性、权威性、协调性和操作性的属性要求，从国土资源、生态本底、实力映像、美好家园、文明载体、治理工具的六大内涵展开。结合广东省和浙江省国土空间规划编制的实践探索，重点关注八个方面：一是规划理念是否真正落实了生态文明新理念；二是目标定位是否符合国家战略和社会发展趋势；三是空间格局是否考虑了底线、上线，结构优化；四是要素配置是否提高了资源利用效率；五是品质提升是否有利于历史文化保护、美丽国土建设、特色化发展；六是整治修复是否体现存量时代特点；七是政策机制需要大道从简，成果产出需要政策或机制设计；八是平台建设主要是国土空间监管平台，并提出编制难点，如三区三线、高质量发展、政策机制设计等，以供大家思考。

新的国土空间规划不是原有各类规划拼凑型的“物理整合”，而是重构型的“化学反应”。城乡规划学科既要继续发挥城乡规划理论体系和技术方法优势，强化以人为本的初心和手段，强化多维空间的感知与管控，又要积极吸收国土规划的政策工具和刚性传导优势，熟悉全新领域，补齐生态科学、自然地理科学、系统科学等理论短板，补齐“双评价”、自然资源资产化管理、国土公共政策制定等技术短板才能创造。走进生态文明新时代，需要规划学科新目标、新理念、新方法、新技术和新工具。希望大家有这种心态，对未来也要充满信心。

规划改革与学科发展

张 兵 自然资源部国土空间规划局局长

加强国土空间规划相关学科建设是中共中央、国务院《关于建立国土空间体系并监督实施的若干意见》部署的一项重要任务。

首先，我们要认真领会生态文明体制建设与规划体系改革。党的十八大以来，我国不断深化生态文明体制建设。党的十九届三中全会在党和国家机构改革中设立自然资源部，统一行使全民所有自然资源资产所有者职责，统一行使所有国土空间用途管制和生态保护修复职责。在此背景下，建立国土空间规划体系并监督实施，实现“多规合一”，是国家空间治理体系和治理能力现代化的必然选择。规划体系的改革是对党和国家改革新要求、我国经济社会发展新趋势、新需要的响应。

其次，规划学科需要融合发展。对比欧洲“空间规划”的实践，我国的国土空间规划是生态文明体制建设历史条件下的新类型、新实践。要实现“生产空间集约高效、生活空间宜居适度、生态空间山清水秀，安全和谐、富有竞争力和可持续发展的国土空间格局”，规划学科的知识体系势必要通过多学科深度交叉融合，更加全面、系统、综合地研究好生态文明建设提出的各种新课题，不断促进规划学科应对经济社会变革的能力，使规划学科保持旺盛的发展活力。

空间规划体系改革

观点聚焦

广州市城市规划勘测设计研究院李晓晖的演讲题目是“面向国土空间规划体系构建的广州城镇开发边界划定探索”。研究提出城镇开发边界关系着生态、农业、城镇空间的区分与互动，是构建国土空间开发保护格局的关键。研究以城镇开发边界为研究对象，以广州城镇开发边界划定为案例，阐述对城镇开发边界政策的认识。通过评估容量和核定目标、整理现状和明确底盘、战略引导和合理布局、核定规模和预留弹性，以及规整边界和划定方案的五个步骤，划定城镇开发边界，提出空间模型。城镇开发边界的初衷是引导城市紧凑集约、精明增长、高质量发展。研究提出三个思考：一是思考城镇开发边界管控机制造成的“土地发展权”差异化影响；二是思考城镇开发边界内外的规模、边界的精度，以及如何通过评估找到适应的调整机制；三是思考城镇开发边界实施建设的管辖权限和实施过程中的建设用地变化趋势、程度的实时监管。

中国城市规划设计研究院上海分院林辰辉的演讲题目是“绿色发展导向下的国土空间规划编制”，以“生态优先、绿色发展”为新一轮国土空间规划总逻辑，从“水、泽、海、城、文”五要素入手优化绿色国土空间。研究以天津市国土空间总体规划为例，一是突出绿色空间，以战略规划编制重新审视国土空间发展。从区域角度确定“双城紧凑、中部生态”战略性生态格局，倒逼城市空间转型；二是突出绿色生产，梳理现状314处园区平台，腾退两高和两低的产业门类，倒逼产业体系转型；三是突出绿色生活，促进职住均衡、促进服务均衡、促进文化提升，打造人本导向，提升空间品质；四是突出框定总量，约束增量，促进存量更新，精细整治国土空间。因此，国土空间规划是生态优先下的经济环境包容性发展的诉求，它不是“包罗万象”的规划，而应针对一个城市的重点问题进行战略判断。作为顶层设计，报上级政府管控内容应尽量精简，并编制专项规划、详细规划予以深化。

上海同济城市规划设计研究院有限公司马强的演讲题目是“国土空间规划五级三类体系强制性内容研究”。强制性内容是城乡法定规划刚性管控、实施监督的重要制度性创新。第一，结合规划体系变革，国土空间规划应通过多规合一和全域覆盖，实现强制性内容传承创新，从源头上树立“五级三类强制性体系”，建立国土空间规划“编审督核心”。第二，充分吸取其他部门强制性内容经验，如土地利用总体规划中，刚性约束更加健全，主体功能区规划中，法律和政治地位更高。第三，从健全国土空间规划监督管理制度出发，提出国土空间规划强制性内容体系的刚性强、全层级、可操作、可传导、易监督的建构原则和法定强制、底线管控、多规合一、公益保障、全域覆盖等强制性内容的构成。最后，国土空间总体规划的强制性内容是构建国土空间规划强制性内容体系的主线先导，是在三类规划类型中唯一一种强制性内容五级覆盖的规划类型。通过校核，形成12个强制性内容方向。

武汉市规划研究院肖志中、杨昔的演讲题目是“市县级国土空间总体规划编制思考和实践探索”。国土空间规划具有时空属性、全域视野、系统思维等特征，市县层级起到了“承上启下”的作用，亟待强化引领性、约束性、保障性，实现定战略、定目标、定结构、定边界、定策略。首先，夯实基础，共同规划，开展“一图两查三评”基础工作，横向规划融合贯通，上下规划同步联动。其次，优化格局，强化传导。以“约束性—预期性—体征性”逻辑构建规划指标体系，以“城市目标—发展策略—规划指标”选取特色性指标，采用“功能分区 + 强条用地”，“市—区”差异化的总图表达。最后，综合管控、智慧决策，创新市县国土空间总体规划管控体系，依托国土空间基础信息平台，建立健全国土空间规划动态监测评估预警和实施监管机制。武汉市“城市仿真实验室”建设，将为国土空间规划形成集信息汇集、评估预警、仿真模拟和智慧决策于一体的规划信息系统。

深圳市城市规划设计研究院有限公司盛鸣的演讲题目是“新时期市县国土空间总体规划实践探讨”。新时期市县国土空间总体规划工作有六个转变，即从目标预测到指标管控（下达）、从规模导向到精明发展（收缩）、从消极被动保护到生态环境优先、从建设空间为重到国土综合治理、从条块分头管理到全域全要素统筹、从规划实施评估到全过程监测预警。市县国土空间总体规划的内容框架包括三大板块，即基础研究、规划方案、传导实施。以深汕新区国土空间总体规划为案例，探讨规划的多维协同特点。一是坚持结构引导，统筹全域—全要素布局；二是落实刚性管控，建立分类—分级控制体系；三是探索单元模式，强化分区—分层传导方式；四是贯彻战略意图，促进供给—需求耦合协调。研究提出思考，即在生态文明建设背景下，空间规划如何发挥对全域—全要素—多维资源（资产）战略引领和刚性管控作用，实现“有用”和“有效”的空间规划目标。

上海同济城市规划设计研究院有限公司贾晓韡的演讲题目是“地级市国土空间总体规划内容框架思考”。地级市国土空间总体规划包括市域、市辖区和中心城区三个空间层次，规划内容兼具协调型和管控型，而实际操作往往只做到实施层面。规划应注重市域层面框架型结构，协调市域、城镇体系、重点项目和特定地区功能。地级市国土空间总体规划包括基础分析、规划方案、实施保障三部分。一是基础分析，应厘清国土空间资源家底、明确问题，以强化双评价作为底线和区县指引、开发边界划定的依据；二是规划方案，明确战略定位，提出指标体系，重点考虑三个空间层面的要素配置和精度选定；三是实施保障，包括制订行动计划、明确规划指引、实施保障机制和政策措施，强化与空间的关联。结合荆州案例，提出地级市国土空间总体规划应重点强化市域协调性内容，市域层面拟定结构性框架、标准确定和指标分配，县级单元落实管控要素。

主题论文

面向国土空间规划体系构建的广州城镇开发边界划定探索

李晓晖　吴　婕　雷　狄　广州市城市规划勘测设计研究院

摘要：城镇开发边界划定是国土空间规划的关键内容，同时也因城镇空间功能要素的复杂性面临诸多问题与挑战。本文结合广州市国土空间总体规划的探索实践，具体阐述城镇开发边界的划定思路与方法，首先提出边界划定应适应国土空间本底特征、衔接“双评价”，明确底线极限以及引导城镇空间形态优化的三个基本遵循，制定五步法划定技术流程，并通过分析边界划定方案的内外部要素构成，总结提出城镇开发边界的空间模式及边界内外管控导向与清单管理方式。最后，就边界划定的规模、精度与调整等难点问题展开讨论，提出边界管理方式的思路建议，为国土空间规划体系下的开发边界规划政策制定提供了参考。

国土空间规划五级三类体系强制性内容研究

马　强　上海同济城市规划设计研究院有限公司

摘要：规划强制性内容曾经是城乡规划监督、管理、编制的重要政策基础。本研究认为，应顺应国土空间规划制度改革的时代契机，从强化底线约束、刚性管控和监测评估预警的目的出发，构建面向新规划要求的国土空间规划强制性内容体系，并形成国土空间规划体系的“编审督管控技术主线”。国土空间规划强制性内容体系应全面匹配和覆盖国土空间规划“五级三类”顶层设计，强调各级各类强制性内容的刚性传导，尊重差异化特性需求，并建立弹性反馈等重要配套机制。其体系构建应基于自然资源部门职责和各级政府事权，以“刚性强、全层级、可操作、可传导、易监督”为基本原则；其内容选定应符合“法定强制、底线管控、多规合一、公益保障、全域覆盖”的特性要求。本文以国土空间总体规划的强制性内容为重点，初步研究了国土空间规划五级三类体系强制性内容的构成与分级方式，提出了国土空间总体规划的12项强制性内容及其分级要求和深度建议。

市县国土空间总体规划编制思考和实践探索

肖志中　武汉市规划研究院

摘要：基于武汉市国土空间总体规划的实践探索，明确市县国土空间总体规划在国土空间规划体系中“承上启下”的地位和作用。通过“一图两查三评”摸清底数，打牢上下贯通的工作基础；通过“共同规划”建立横向规划融合、上下规划联动的工作模式；通过合理划分“三类空间”，构建“约束性—预期性—体征性＋特色性”指标体系和以“功能分区＋强条用地”为核心内容的多手段综合性传导体系；探索建立集信息汇集、评估预警、仿真模拟和智慧决策于一体的信息化平台支撑系统，提升空间治理能力。

阅读或下载各篇论文可扫二维码

多维·协同：新时期市县国土空间总体规划实践思考

盛　鸣　深圳市城市规划设计研究院有限公司

摘要：新时期的国土空间规划是传统空间性规划在生态文明体制改革背景下蜕变的结果，也是城镇化下半场和空间治理体系提升的必然需求。在当前国家国土空间规划“五级三类四体系”的整体框架中，由于与生俱来的实施性与操作性、战略性与协调性的多元需求，市县空间总体规划既要突显保护思维、强化空间协同管控，也应坚持战略引领、谋求地方精明增长。特别是在尊重空间发展规律的同时，匹配空间治理体系和本级政府事权。因此，笔者基于“多维·协同”的思维，对市县空间总体规划提出4个方面的实践思考：坚持结构引导，统筹全域—全要素布局；落实刚性管控，建立分类—分级控制体系；建立空间单元，强化分区—分层传导方式；响应地方战略，促进供给—需求耦合协调。

地级市国土空间总体规划内容框架思考
——以荆州市为例

贾晓韡　上海同济城市规划设计研究院有限公司

摘要：在国家“五级三类”国土空间规划体系中，地级市国土空间总体规划具有其特殊性，既有面向全市域的协调型规划特征，也有面向市辖区和中心城区的实施型内容要求。本文以在荆州市开展的国土空间总体规划项目为例，探讨了地级市国土空间总体规划编制的内容框架。在强调全域全要素管控的理念下，优化规划内容结构，从市域、市辖区和中心城区三个层面开展规划。在技术方法上，强调通过开展“双评价”，为底线划定和空间方案提供支撑；以规划结构类图纸、用途管控类图纸和要素配置类图纸共同构成“国土空间规划一张图”。同时指出国土空间总体规划是一个复杂的系统工程，纵向上要理清各级政府的规划事权范围和管控范围，遵循“一级政府、一级事权”的原则，将规划内容与事权准确对应；横向上要统筹总体规划、专项规划、详细规划三者之间的关系，总体规划是对专项规划和详细规划的结构统领，专项规划和详细规划是对总体规划的深化和细化。

市县空间规划传导体系的实践探索

李　航　上海同济城市规划设计研究院有限公司

摘要：市县国土空间规划在整个国土空间规划体系中起着承上启下的作用，因此市县层面规划传导机制的研究非常重要。本文着重从目标战略、底线管控和空间格局三个层面对市县规划传导机制进行了研究。研究认为市县规划传导内容主要包括目标战略、底线管控和空间格局大部分；传导手段主要包括定位—政策区、指标—边界—名录、结构—用途三大类；传导层级主要分为市—县和市—区两个层面。其中，市—县和市—区的传导在内容深度和传导手段上各有侧重。市—县的传导在保持刚性要素传导的同时要为县级空间规划留有充分的弹性，因此传导重在结构引导与规划协调。市—区的传导则更侧重于对市级规划内容的深化、细化、转译与落实。由于目前传导机制仍在探索之中，且涉及到规划-审批-管理事权错综复杂，尚有很多问题供大家进一步探讨。

阅读或下载各篇论文可扫二维码

空间规划背景下城市工业用地比例研究

赵向阳　上海同济城市规划设计研究院有限公司

摘要： 2011版《城市用地分类与规划建设用地标准》对于工业用地指标采用了宜符合15%～30%的规定，而目前全国653个设市城市中过半的城市的工业用地比例离散在标准范围之外。资源紧约束时期，针对当前城市工业用地比例失控、难以满足多样化城市发展需求等问题，基于全国653个设市城市用地相关数据，借助灰色关联法和高斯分布函数，开展差异化城市工业用地比例研究，推动城市工业用地的精细化管控。研究得出，我国城市工业用地比例与行政区划、经济区域和城市职能高度相关；未来10年我国城市工业用地比例将平稳微降，不同类型的城市其工业用地比例增减趋势和增降幅度差异显著。研究建议将我国城市的工业用地比例应用于国、省、市、县空间规划的用地结构管控中；建议分行政区划、经济区域和城市职能形成两级四区五型22类的工业用地比例。

国土空间规划背景下的自然保护地体系
——以西双版纳州景洪市为例

彭　灼　上海同济城市规划设计研究院有限公司

摘要： 构建以国家公园为主体的自然保护地体系是当前国土空间规划中生态空间管控利用的重点。针对现状自然保护区的多头管理、空间交叉重叠、管控政策不足的问题，以我国热带雨林、生物多样性最富集的西双版纳州景洪市为例，以构建雨林国家公园为主体，提出一套自然保护地空间整合方案、一套用途管制办法和一套实施保障机制，"三位一体"地探索自然保护地体系的规划管控方案。

国土空间规划需求下的"双评价"技术框架优化思考

黄　华　上海同济城市规划设计研究院有限公司

摘要： 对"双评价"的由来进行了简单回顾。"双评价"如何支撑规划目前仍处于探索阶段，根据空间规划的主要内容，总结了"双评价"需要输出的若干成果。现有的"双评价"技术指南的技术框架是一种串联技术模式，对承载不同功能指向的规模和强度输出不足，对规划的支撑较弱。从规划的需求出发，提出"双评价"技术框架优化的思考。一是增加资源环境承载力评价的"可度性"，强化两个评价之间的传递联系；二是根据评价要素特征合理选择评价单元；三是根据评价要素特征和集成需求，合理选择集成评价的方法。最后对"双评价"的实践应用进行展望，如层级差异、地域差异、跨行政区的统筹协调等，都需要在后续的实践中予以探索和验证。

阅读或下载各篇论文可扫二维码

国土空间“三区三线”划定的技术原则和思路内容探讨

魏旭红　开　欣　王　颖　郁海文　上海同济城市规划设计研究院有限公司

摘要：国土空间规划编制要求以资源环境承载力评价和国土空间开发适宜性评价（以下简称“双评价”）作为对国土空间格局和“三区三线”划定的重要支撑依据。本文旨在探讨“双评价”结果与“三区三线”划定如何科学合理对接，并对市县级国土空间“三区三线”提出细化探讨。研究提出，“双评价”是国土空间规划的预判，“三区三线”需要结合地区的整体战略进行因地制宜的多视角研究，得到科学合理的结果。“双评价”预判需要与现行管控边界、发展实际进行校核，应遵循“生态保护红线只增不减”、“基本农田总量不变”和“城镇开发边界集约利用”等不同基本原则，最终明确国土空间的“三区三线”。建议国土空间实现以“三区一网络”完善全域全覆盖的功能分区，建议以“三线一附加”细化“三线”刚性控制线体系，实现统筹管控，构建覆盖全域、上下传导的空间控制体系。

阅读或下载各篇论文可扫二维码

城乡统筹与规划变革

观点聚焦

同济大学建筑与城市规划学院耿佳的演讲题目是“超越美丽的乡村振兴之路——基于浙江省9镇36村地方产业驱动乡村发展的典型模式研究”。我国乡村振兴，经历了乡村美化与千村一面的矛盾，乡村城市化与丧失乡土性的冲突，产村融合化与三生空间协调共生的挑战。乡村人才要素流出和建设发展困难的核心问题是缺乏产业发展带动。因此，农业驱动、旅游业驱动和六次产业融合驱动等构成了产村融合的多元化发展模式，实现了较高质量、较高效益的乡村经济，实现了社会生态等多维度发展。研究发现，乡村产业经济是引擎，应促进数量增长与质量提升相协调，门槛宽进与底线严出、要素流动机制相适宜；乡村聚落空间资源是基础，应强调生态保育作为空间生产的前提，精明开发与精明收缩的策略并举；乡村社会资本是核心竞争力，应充分发挥农民主体与内外协同的共同作用，聚焦资本积累由依赖自然资本到更重视社会资本的积累，从而实现乡村“经济—社会—聚落”发展模式。

陕西省城乡规划设计研究院张军飞的演讲题目是“传统智慧对现代乡村治理的启示”。制度是乡村治理的根本保障，制度空间是乡村治理或者乡村活动的空间载体。以《白鹿原》为例，介绍了传统智慧对现代乡村振兴的作用，展现了“管理—制度—空间”三个维度的智慧。分别对应了乡村治理共同体、乡约和位于乡村核心的祠堂。以陕西为例，探讨乡村治理的陕西模式，即“天地人文，和而共治”。一是与天地相合，尊重外部环境，重塑内部秩序；二是与人相合，以人为本，发挥村民作用；三是共商共治，多元主体参与乡村治理。天和地，最终为人使用，为村民使用。新时期乡村治理，应该在自治、法治和德治的基础上，加强秩序再组织，包括社会秩序、物质秩序、空间秩序三合一的探索。金经昌先生提出，社会秩序、物质秩序、空间秩序三者有机结合才是城市规划理论的真谛。只有理解了新和旧的辩证关系，才可以理解传承和创新。只有继承了中国传统智慧，才能做好当下新时代中国乡村治理的创新课题。

深圳市规划国土发展研究中心兰帆的演讲题目是“半城市化地区城乡规划实施探索——以观湖下围土地整备利益统筹试点项目规划研究为例”。深圳市存量用地的城市更新和土地整备模式，即以政府为主导的集中连片土地的二次开发工作。《土地整备利益统筹试点项目管理办法》中有用地、规划、资金和地价四大板块的政策统筹。结合观湖下围土地整备试点，首先，保障重大基础设施建设，加快盘活存量用地资源，彻底解决土地遗留问题；其次，合理划定项目实施范围，以功能完整性和项目可实施性为基本原则；三是基于土地整备利益统筹要求，以规划实施为前提。结合现有法定图则、控规形成用地选址方案。观湖下围土地整备利益统筹试点项目是一个存量开发时期的规划探索，以规划研究为平台，建立起多方利益协调的机制，对原农村补偿充分；同时通过规划土地的政策，增强了公共基础设施的实施，最终促进城市发展。

广东省城乡规划设计研究院李建学的演讲题目是“从空间供给到空间治理：珠三角村镇工业化地区公共服务设施提升策

略——以中山市西北部组团为例”。改革开放后到20世纪90年代初期，顺德、中山、东莞等珠三角城市依托乡镇工业经济快速增长，从专业的一镇一品，拓展到一品多镇，产业外溢形成了产业集群。工业化推动城镇化的传统模式也存在问题，表现为珠三角城市人口用地密度很大，但公共设施配套密度低；与周边的交通等联系较强，而与市中心的联系较弱。以中山市西北部组团为例，规划提出整体改变、优先供给的思路，包括供给机制、供给主体、服务范畴等一系列内容。提出以管委会为主统筹大型和区域型设施，落实教育、医疗、公交系统、轨道交通等控规落地弹性，强化竖向布局公共服务设施，提供多元化的公共服务。珠三角地区已进入存量发展时期，以空间治理方式提升公共服务水平，推动低效村镇工业化地区提升城镇公共服务品质，是实现可持续发展须采取的措施。

同济大学建筑与城市规划学院范佳慧的演讲题目是“特大城市空间结构的特征及绩效研究——以广州为例”。以广州作为研究对象，采用手机信令数据等大数据，研究特大城市空间结构特征及绩效。城市空间结构绩效是指在一定空间规模下，通过要素内在组织形成空间匹配程度。绩效机理是指空间结构内在组织逻辑。静态层面上，广州已形成“一主五次”格局。动态层面上，通过通勤OD关联等维度分析，广州已形成多中心网格化特征，外围组团绩效良好。目前，广州中心城区不断外拓，两大中心功能高度集聚。研究提出，广州未来发展应该着重完善空间层级网络，促进多中心结构更平衡和充分发展。多中心空间结构是特大城市客观趋势，也包括内部功能的组织逻辑。对于特大城市来说，关键举措是要建立完善的空间层级网络，各组团保持内部平衡，形成良好的中观结构，能够构建与空间结构相匹配的分层交通模式，进而发挥它的高绩效。

上海同济城市规划设计研究院有限公司陈诗飏的演讲题目是“收缩背景下城镇村体系的社会规划方法——以通辽为例”。中国180个城市面临着人口减少的收缩趋势，东北尤甚。通辽是典型的收缩城市，受困于少子化、边缘性、制度变迁、人口流失等问题。规划要重视并改善三点：一要加强与社会部门互动。人口减少地区应多考虑空间和社会关系对应，要改变城市建设与社会人口流动背道而驰、城乡规划与社会规划缺少互动的现象。二要加强社会实际需求研究。镇上热闹的街边摊位和菜市场形成反差，公共服务设施要结合实际需求有效布局。三要在经济效益和社会发展中做出平衡，收缩背景下经济效益不是主流，社会发展应给予更多关注。研究认为，规划后续如何适应动态的社会变化过程，一方面需要国土空间更均衡的指标激励政策，而不是把指标盲目向中心城区分配；另一方面，社会规划不可能通过单一部门协调，需多部门共同参与、公共参与以及规划师们的努力。

主题论文

超越“美丽”的乡村振兴之路

——基于浙江省9镇36村地方产业驱动乡村发展的典型模式研究

陈　晨　徐浩文　耿　佳　同济大学建筑与城市规划学院

摘要： 随着“乡村振兴”战略的不断推进，产业基础对于乡村发展的重要性日益凸显，然而乡村振兴实践中仍存在过度依赖财政，缺乏内生动力的问题。在此背景下，本文以乡村振兴先发地区浙江省为主要研究对象，总结归纳“产业振兴”驱动的乡村可持续发展模式。从类型学的角度根据产业门类进行乡村分类，对浙江省9镇36村进行实地调研，研究总结了新时代乡村振兴的代际图谱，即乡村振兴1.0（乡村美化运动模式）、乡村振兴2.0（乡村城市化模式）、乡村振兴3.0（产村融合化模式）。本研究从“产业振兴”驱动乡村发展的视角，提出了“产村融合化”的三种典型模式：①农业驱动模式：白茶产业驱动的安吉县溪龙乡模式；②旅游业驱动模式：民宿产业驱动的德清县莫干山模式；③六次产业融合驱动模式：珍珠产业驱动的诸暨市山下湖模式。

传统智慧对现代乡村治理的启示

——从“白鹿原”到现代乡村治理

张军飞　宋美娜　刘碧含　史　茹　陕西省城乡规划设计研究院

摘要： 新时代的乡村发展面临人才、资金、资源等一系列的治理难题，按照十九大健全“自治、法治、德治”相结合的乡村治理体系要求，以《白鹿原》著作解读和白鹿原村庄规划为例，通过深度解读《白鹿原》中的传统治理智慧，并结合白鹿原村庄发展的现状问题与现实需要，从“制度完善、空间载体和文化传承”相互融合的视角，提出白鹿原“天地人文，和而共治”的现代乡村治理模式。探索新时代乡村振兴战略背景下的乡村发展与乡村治理在制度、空间、文化等方面的“变”与“不变”和“传承”与“创新”的时代意义与现代价值。

半城市化地区城乡规划实施探索

——以深圳观湖下围土地整备利益统筹试点项目规划研究为例

兰　帆　林　强　深圳市规划国土发展研究中心

摘要： 2011年深圳进入存量用地开发时期，并形成以城市更新和土地整备为主的存量用地开发模式。土地整备模式是以政府为主导，以公共基础设施和重大项目实施为重点，体现城市整体利益，土地整备单元规划制度涵盖规划技术标准、利益分配规则和审批管理机制。本次研究以深圳观湖下围土地整备利益统筹试点项目规划研究为例，从研究思路、内容、亮点及成效四方面重点介绍土地整备规划的具体内容和经验做法。作为首批纳入试点的项目，下围项目于2015年11月份开始正式启动，历经一年多最终完成市政府审批。项目通过土地、规划、资金的政策统筹和创新，一揽子解决土地历史遗留问题，通过“规划刚性管控+土地权益分配”，规范留用地开发行为，此外，项目建立了政府、社区、规划师、开发主体、房屋权利人等多方参与的协商式平台，统筹各方利益，为全市试点的全面开展提供了经验借鉴。

阅读或下载各篇论文可扫二维码

从空间供给到空间治理：珠三角村镇工业化地区公共服务设施提升策略

——以中山市西北部组团为例

李建学　广东省城乡规划设计研究院

摘要： 本文以中山市西北部组团为例，分析村镇工业化地区公共服务设施供给滞后于城镇发展需求的特征，认为其是“工业化水平与城镇化品质倒挂”的表现，主要原因是设施供给方式不适应生产方式的转变及居民对生活品质提升的需求。通过借鉴顺德、广州、深圳、中国香港和新加坡等国家和地区实践经验，立足多维度空间治理视角，从完善供给机制、提升供给标准、改变设施服务范畴、提升可达性、兼容性和体验性等层面提出公共服务提升策略，为珠三角存量的村镇工业化地区转型发展提供指引。

特大城市空间结构的特征及绩效研究

——以广州为例

范佳慧　张艺帅　同济大学建筑与城市规划学院

摘要： 以“特大城市空间结构的特征及绩效研究”为题，对广州案例进行研究，具体包括梳理城市空间拓展和结构的演变历程，通过手机信令数据识别空间结构的静态分布和动态关联特征，分析就业空间特征，并对空间结构绩效做具体解析，最后针对性地提出城市空间结构优化和绩效提升的现实对策。研究表明，广州不仅在组团形态上体现出较为明显的多中心结构，在功能性的内在关联上也均基本形成多中心格局。具体来讲，广州的中心城区与外围各组团保持相对独立的空间结构，呈现出了较理想的“中观结构”绩效；与此同时，广州中心城区不断外拓的“摊大饼”发展趋势，以及北京路传统中心与珠江新城—天河北的“强强联合”，都会进一步加强中心城区的功能集聚度和人口吸引力，进而影响城市结构的均衡发育。此外，广州和佛山一直维系着“联而不融”、各自独立的空间结构，且具有高效衔接的骨干交通网络，表现出了较高的结构绩效；其空间结构优化的重点在于完善空间层级网络。

收缩城市镇村体系的社会规划方法

——以通辽为例

陈诗飏　上海同济城市规划设计研究院有限公司

摘要： 全国超过 180 个城市面临不同程度的人口收缩，人口收缩越来越成为大部分中小城市的共性问题。乡村衰退、城市衰退产生的社会问题在此背景下愈发突出。尽管收缩导向型规划和收缩背景下的规划问题已经逐渐引起学界重视，然而大多研究和规划实践仍局限在空间，很少涉及空间规划对社会关怀的缺失，特别是在镇村的相关规划中缺少对社会公正和城镇体系背后蕴含的社会意义的思考。由此，本文借鉴社会规划的框架，以通辽市为例，提出从社会分析，到城镇化路径修正，最后社会规划实施保障的三段式方法。总结并提出在类似镇村体系的规划中，如何融入社会性思考和进行社会规划方法的尝试。

阅读或下载各篇论文可扫二维码

基于地级市城镇开发边界划定的实践与思考

唐小龙 江苏省城市规划设计研究院

摘要：城镇开发边界划定是新时代我国空间治理重要的抓手，也是建立生态文明体制、国土空间规划体系重要的内容之一，具有明显的国家宏观治理特征。目前的研究与实践具有明显的地方探索特征与大城市实践特征，对适用于国家宏观治理的划定规则缺乏有效探索，针对一般地级市的探索不足。地级市空间治理面临城镇化阶段不同、历史遗留问题差异大、管辖权有限等问题。本文基于地级市城镇开发边界划定工作，重新梳理了国家宏观治理背景下我国城镇开发边界的核心特征，提出以主体功能为核心的分级分类思路，以及基于事权管理的多级政府协同的城镇开发边界划定方法。

政府干预视角下城镇体系协调发展的理论分析

李文越 清华大学建筑学院

摘要：城镇体系的协调发展是当前我国城镇化的重要路径。基于城市经济视角，以市域城镇体系为例，对协调发展的机制展开定性研究。首先以亨德森的，城镇体系模型为原型推演了城镇体系协调发展的机制，揭示出借助外力干预人口和产业分配有助于实现城镇体系的协调发展。其次根据我国制度特征，引入政府干预因素进行修正模型，推演政府干预引导城镇体系协调发展的过程和机制。接着剖析了我国城镇体系发展失调的现实情景及其政府干预机制。通过现实情景与修正模型的对比，发现我国地方政府如果追求短期经济效益，会导致税收调节和空间规划这两项政府干预手段对于城镇体系的协调发展失效。

西北地区资源型城镇开发边界划定的探索实践
——以铜川市为例

王海涛 陕西省城乡规划设计研究院

摘要：随着国土空间规划的持续推进，城镇开发边界已经成为国土空间规划中的一项重点工作。回顾我国城镇开发边界的划定理念，大致经历了终极蓝图式、弹性规划边界以及管控城镇增长工具等不同阶段。在生态文明时代，各地也针对城镇开发边界的划定管理工作开展了一系列的探索实践工作，但是对于城镇开发边界在内涵认识、模式设计、划定思路以及政策机制等方面有着不同的理解和认识。本文以铜川城镇开发边界的划定为例，旨在解决在划定开发边界的过程中面对资源枯竭、环境约束、空间类规划打架等矛盾下的城镇建设用地供给问题。通过运用 CA-Markov 模型开展以发展为导向与以生态为导向的两种情景的建设用地增长模拟。一方面是强化战略引领，提出资源枯竭型城镇的转型发展思路，另一方面是突出底线约束，分析在环境约束之下的城镇建设用地增长问题。并综合两种情景模拟结果，探索“横向到边、纵向到底”的工作模式，旨在解决空间类规划“打架”等问题。

阅读或下载各篇论文可扫二维码

运营时代下的城市战略规划探索

——以普宁市为例

王　艳　深圳市蕾奥规划设计咨询股份有限公司

摘要：战略规划是地方政府主动管治的重要工具，对推动城市转型高质量发展有积极的作用。但已有规划实践和技术方法多为“城市建设时代”量身定做，在“运营时代”下，战略规划的理念与技术方法急需快速切换。结合运营时代里城市发展特点与影响竞争力提升的关键要素，以中国人口第一大县普宁为研究案例，重点从思维方式、技术方法等方面进行创新探索，并提出由“目标战略谋划—路径策划—空间治理规划—实施共建计划”构成的内容框架建议。

中国都市圈高质量发展的空间逻辑

吴昊天　张志恒　李穆琦　深圳市城市空间规划建筑设计有限公司

摘要：我国当前仍处在城镇化快速发展时期，但发展速度已明显放缓。党的十九大提出，我国经济已由高速增长阶段转向高质量发展阶段，都市圈的高质量发展将是决定城镇化进程质量，并进而影响我国社会经济整体高质量发展成败的关键。从都市圈演化发展的空间逻辑上看，都市圈内围绕核心城市的近域圈层是高质量发展的关键，以此区域内节点城市为抓手是有效的推进手段。打造高质量节点城市应突出产城有机融合、产业持续发展、创造就业岗位、建设美好城市四大基本特征，围绕“宜居”理念，在城市和社区两个尺度上塑造宜居城市和宜居生活圈，最终实现都市圈的高质量发展。

以人为本的国土空间规划范式解读

——以协调“永久基本农田保护红线”与“城镇开发边界”为例

洪梦谣　夏俊楠　武汉大学城市设计学院

摘要：面对我国空间治理体系改革与重构的新时期，提出构建以人为本的国土空间规划范式，以挖掘以人为本的规划共识、遵从人的正常“理性”与共通“物性”、追求整体利益最大化、合理把握人与空间的关系为基本原则，以人、事、时、空为框架的理论与实践范式，并以三线划定中的耕地与建设用地矛盾为例，形成“自存—共存—优化平衡”为决策流程，形成科学的模型框架，为未来的国土空间规划提供理论与实践借鉴。

阅读或下载各篇论文可扫二维码

乡村振兴背景下山地乡村小学的困境与规划探索

——基于重庆 18 个深度贫困乡镇的小学布局研究

吴星成　重庆市规划设计研究院

摘要： 国家实施乡村振兴战略以来，保障基础教育是打好精准脱贫攻坚的重要任务，在广大山地乡村地区矛盾更为突出。本论文在持续开展跟踪调查、踏勘走访的基础上，对重庆山地乡村小学相关规划问题开展研究。特别以 18 个深度贫困乡镇小学为例，从生源流失、选址规划、配置规模、建设标准和师资力量五个方面梳理了山地乡村小学当前面临的主要困境。探讨了山地乡村小学规划在设施布局均等化、教育资源配置、技术标准、出行公平和精准扶贫五个方面面临的主要矛盾。基于此，提出了山地乡村小学合理规划布局的建议，从而引导具备相似地域特征的乡村小学开展规划和建设，推动西部山地乡村的教育振兴。

博弈与共赢

——乡村改造中规划与实施的初探

高敏黾　上海同济城市规划设计研究院有限公司

摘要： 乡村振兴是建设美丽中国的关键举措。随着经济水平的增长和人们对物质生活要求的提高，乡村环境亟待更新和改善。本文以浙江省衢州市双桥乡改造规划设计项目为例，在经过大量调研后，总结了当地建筑和公共空间存在的问题。规划方案运用色彩优化、立面统一、修旧如旧和庭院改造 4 条策略，提升整体空间环境品质。本项目在后期实施过程中遇到多方面难题，在与甲方（乡政府）、受益方（村民）和实施方（施工队）的交涉过程中既有力争又有妥协，更多的是共同努力解决不可预期的问题。在此希望总结规划阶段和实施阶段的经验以供大家参考。

基于小城镇生活圈的城乡公共服务设施配置优化

——以辽宁省瓦房店为例

康晓娟　上海同济城市规划设计研究院有限公司

摘要： 目前，国内关于生活圈理论的应用，主要集中在宏观都市圈层面城市间的通勤圈以及微观社区层面城市居民日常生活圈，而中观层面构建生活圈的相关研究较少。本文试图在中观层面通过对小城镇生活特征的总结，按照公共服务设施的使用功能特征，构建基本生活圈和品质生活圈两类圈层，利用 GIS 软件可达性分析各城镇的辐射范围，空间上落实两类圈层，结合各类设施时间特征和功能特征，进而完善城乡公共服务设施配置项目，根据规划确定的城镇职能和功能特色，对结果进行进一步的优化，形成瓦房店市域各乡镇公共服务设施配置的具体引导，同时形成对中心城市用地结构调整的支撑。

阅读或下载各篇论文可扫二维码

关于乡村人居环境整治在规划层面的思考

——基于锦溪镇现状调研

蒋秋奕　上海同济城市规划设计研究院有限公司

摘要： 本文缘起于调研过程中，发现村庄人居环境整治工作成果难持久、难维护、村民参与被动等问题，这些都是因为与村民的使用习惯不符、权责不清带来管理难题；从规划工作者的角度，同时也发现村庄规划及自建房翻新由于种种原因也会给使用者和管理者带来不便。结合案例的实际情况，通过问卷调查，以“同时满足村民和管理者不同要求”作为切入点，需要按照使用功能和不同权属，将“乡村人居环境空间要素”划分为“路、房、院、绿、渠”，并提出乡村人居环境治理五要素的引导要求。通过对国内外在乡村人居环境法律法规、村庄规划指引层面和实施引导层面的分析及对比，发现国内在乡村人居环境管理方面法律法规不完善，仅靠规划层面只能解决部分问题。建议应构建由“法规＋机制＋导则＋指南”构成的完善乡村人居环境整治体系，再与规划层面编制实用性村庄规划的技术性导则相互配合，最终达到提升村庄人居环境的目的。

由乡村垃圾“城镇化”引发的思考

——以岚县乡村振兴规划为例

吕　帅　上海同济城市规划设计研究院有限公司

摘要： 随着乡村振兴战略的实施，城乡垃圾一体化处理方式正逐渐流行开来，位于山西省吕梁山区的岚县也主动将垃圾“打包进城”，实现了乡村垃圾的“城镇化”。但作为国家贫困县，岚县在后续资金缺乏的情况下，更适合通过恢复生态链正常运转，达到物质循环利用。基于对岚县存在的种养结构不匹配，循环链上下游耦合难以及循环链缺少核心要素等具体问题的研判，从搭建循环平台、调整种养结构、三产融合发展和强化科技支撑等方面探讨适合当地的垃圾处理方式及真正符合乡村发展规律、引领乡村发展的乡村规划方法。

重焕光彩的珍珠小镇

——诸暨市山下湖珍珠小镇景观规划浅析

逄丽娟　上海同济城市规划设计研究院有限公司

摘要： 珍珠，是诸暨的一张“金名片”。从山下湖人工播种珠蚌收获第一桶金，五十年里，珍珠产业从无到有，从农到商，到成为国内最大的淡水珍珠生产、加工中心。在发展的过程中珍珠小镇并非一帆风顺，它的产业遇到瓶颈甚至退步，原有的绿水青山也因淡水珍珠的养殖遭到污染，生活配套迟迟没有升级，满足不了年轻人以及来购买珍珠的人群的需要，最关键的是这系列问题引发了山下湖人才的逐渐流失，这个曾经的珍珠小镇，开始走下坡路。当我们的设计团队接手珍珠小镇的规划项目，我们就决定通过规划整治景观塑造让山下湖小镇重新散发出珍珠般的光彩。

阅读或下载各篇论文可扫二维码

城市设计与文化传承

观点聚焦

深圳市蕾奥规划设计咨询股份有限公司田轲的演讲题目是“基于历史文脉梳理与大数据分析的地域线性文化遗产活化研究——以宁波市域古道为例”。宁波古道是宁波历史文化载体，也是市民休闲空间。规划采用文献研究、专家访谈等方法，进行古道梳理，形成古道体系图，有待向现代地图上落位。规划过程有三个问题：一是古道空间定位，传统调研方法难以精准定位，规划抓取户外登山线路网络信息 6700 余条线路、30 多万个节点、近 8 万张照片，经数据分析，筛选出古道遗址 272 条，总长度达 1039.1km；二是古道潜力评估，规划采用图像识别算法，借助 AI 图像内容识别端口对相关古道 8 万多张照片进行分析，从景观热点、历史韵味、线路难度、可达性、设施配套完善度、休憩点偏好度等方面进行评估；三是古道网络规划。针对现状古道不成网，规划提出“古道 + 登山步道 + 绿道 + 风景线”文化线路网络体系，最终形成串联各大片区、20 余条主线、总长度达到1971.7km的文化线路。

沈阳市规划设计研究院李晓宇的演讲题目是“盛京皇城历史价值认定与空间风貌管控探索”。盛京皇城位于沈阳老城中心，是东北地区历史文化遗存最集中区域，空间规模为 1300m × 1300m，内有方形城池、井字格局，呈现出层次分明、主次有序的空间形态。自汉以来 2300 年间，盛京一直是东北地区军事、政治、文化核心，是多元交流国际区域的中心城市。针对皇城整体风貌模糊平淡等问题，风貌管控规划应做好：一、规划定位，盛京皇城是建城之始、人文之根、商贸之基；二、要素管控，采用菜单模式，针对建筑设计、绿化环境、地面铺装、亮化提升、城市家具、导视系统六个方面，制订菜单式的模式语言；三、行动管控，采用项目模式，提出历史资源加强保护、历史风貌标识再现、特色存量空间提升改造、地块新建协调风貌、历史遗迹风貌恢复五大行动计划，最终实现皇城风貌感知率提升到60%。

西安建筑科技大学建筑学院营泓博的演讲题目是"历史维度下的'城市双修'再认识"，研究了国内环境整治实践发展历程。研究以《城市规划资料集》和2003～2015年间"全国优秀城乡规划设计奖获奖项目"为基础，形成有效样本315项。从时间和频次来看，城市更新和环境整治样本数量与GDP及城镇化率增长保持着较高的正相关性。从主题分类来看，生态环境整治和综合环境整治最多。历史风貌保护及整治实践经历了保护对象从小到大、从线到面、从粗放到精细的过程。旧城及城中村更新实践，提倡小微渐进和社区行动，尊重市民意愿变现权益。环境综合整治强调实效与人本原则，修正过度美化倾向。从区域和城市来看，城市整治实践分布东多西少，与地方GDP总量分布相关，但与人均GDP关联度不高，说明环境整治是政府公共行为，由财政收入推动。从历史维度来审视，"城市双修"不是城市更新和环境整治实践的重复，而是城市更新与环境整治在理念技术、方法上的总结提升。

上海交通大学设计学院建筑系张海翱的演讲题目是"'人间设计'：上海旧城里弄更新改造实践经历——通过社区营造打造

文化创意产业集聚区”。研究提出“人间设计”理念，指的是人占据于主体地位的活动空间，有家人、有邻里、有同伴等环境。价值在于如何让城市中最弱势的群体通过设计手段恢复活力。人间设计包括：一是自下而上的社区营造，从底层设计开始影响整个系统，使用者全流程参与完成任务，以软设计代替硬设计；二是从最小值到无穷大，如同针灸穴位，逐渐影响到全身机能，通过一个点状往上生长；三是关注人与人之间的连接，从设计到施工到运营。分享了三个住宅改造案例：机械车库之家、垂园阁楼之家、宠物之家和两个社区营造案例：愚园路公共市集、新华路敬老邨，都是为社区的老人、年轻人、孩子和社区艺术家服务，创造活力，改善环境。

清华大学建筑学院陈婧佳的演讲题目是“城市公共空间失序的识别、测度与影响评价”。借鉴社会学研究，定义空间失序为可观察到的对居民生活和邻里公共空间正常使用造成扰乱的现象。研究侧重于物质空间的失序，采用北京五环内 667km^2 范围 16790 条有街景图片街道数据取样形成 30 万张街景图片，形成 5 项一级、19 项二级评价指标，通过观测点街景图像评判并综合得到街道空间失序指数。研究表明：经济社会发展直接影响城市空间品质问题。北京街道呈现出老旧外立面和道路破损为主的空间失序现象。研究也发现，空间失序指数与由房价反映的街道经济活力、微博密度和点评密度反映的街道社会活力指数均呈负相关，空间失序既是社会失序和经济衰退的结果，也是原因。现代信息通信技术快速发展，为城市研究提供了新的数据环境，以人工智能技术开展城市空间品质识别、测度和规划应对将成为未来城市精细化管理的重要组成部分。

上海同济城市规划设计研究院有限公司吕圣东的演讲题目是

“重塑公园开放，链接城市步网——‘开放街区化’的理念和启示”。研究总结了我国城市公园绿地开放性问题。绿色开放空间由于管理问题反而成为城市步行网络的阻断者，如因管理经费与安全考虑，公园入口数量少且多为门票制，公园出入口位置不直接与城市人流衔接，公园内几乎全部采用回环式主路结构而缺少直连的步行线等。根据公园城市理念，城市公园作为公共产品服务于居民大众，应符合大众行为习惯变化，促进公共空间共享与开放，实现宜居城市的步行空间便捷与通达的共识。规划建议公园应和城市步行系统建立网络关系，精准衔接城市人流，充分增加出入口数量，保证可穿行，优先系统考虑公园周围街区的步行肌理，确定内部步行线设计方案。研究从定性分析上升到定量分析，提出公园空间开放度评价法（PSOA 法）量化开放程度，以期能定量描述空间开放状态，解决空间开放性的问题。

主题论文

基于历史文脉梳理与大数据分析的地域线性文化遗产活化研究
——以宁波市域古道为例

田　轲　林乃锋　陈　刚　陈凯莹
深圳市蕾奥规划设计咨询股份有限公司浙江分公司

摘要：线性文化遗产作为历史上宁波人的生命线和发展轨迹，记载着宁波悠久的历史文化，而古道是线性文化遗产的主要空间形态。针对宁波现存古道的历史脉络复杂、空间定位困难和古道价值难以评价等问题，本次研究采用文献研究、专家咨询等方法梳理宁波古道历史演变脉络与古道体系；同时运用现场踏勘、“六只脚”大数据分析等方法挖掘宁波市域现存古道遗址 272 条，共 1039. 1km，进行空间上的精准定位；并通过大数据分析、密度分析评价与图片语义评价等方法从体验感、挑战性、辨识度、系统性和实用性等维度对现存古道的开发潜力进行综合评价，得出七大古道开发潜力较高的区域；最后根据现存古道梳理与评价结果，从发展目标与定位、总体空间结构与文化线路布局等方面提出宁波市域古道保护与开发利用规划指引。

盛京皇城历史文化街区价值认定与风貌管控探索

李晓宇　毛　兵　高　峰　王文琪　夏镜朗　张子航
沈阳市规划设计研究院有限公司

摘要：历史文化街区往往是传统文化、古城旅游、商业零售和老城交通等多重功能叠加的空间区域，承担着“保护”与“发展”的双重使命，往往面临着“记忆模糊、风貌消褪、商业侵蚀、千城一面”的现实困境。在城市逐步由增量发展转向存量发展的转型期，风貌管控与历史文化街区产业转型紧密关联，是影响到街区文化复兴和功能升级的重要抓手。本文以沈阳最大的历史文化街区盛京皇城微更新设计为例证，以多元时空调研为基础，梳理其文化价值体系，针对其“载体缺失、风貌同质”的问题症结，基于空间系统思维建构历史文化街区的“要素管控、结构管控和行动管控”三阶段风貌管控体系，并总结机制探索经验，以期为新时期历史文化街区风貌管控提供经验借鉴。

历史维度下的“城市双修”再认识

菅泓博　西安建筑科技大学建筑学院

摘要：针对“城市双修”是不是以往城市环境整治和城市更新实践的重复问题，本文在理论梳理的基础上构建了基于“历史维度”的研究方案，以史料整理与文本分析、统计分析与可视化的方法对所收集的案例进行了全面解析，并与三亚“双修”的实践内容进行了对比，得到以下三条结论：(1) 城市更新和环境整治实践在不断演化中，在理论和技术层面具有关联性。(2)“城市双修”不是过去城市更新和环境整治实践的重复，而是我国城市更新与环境整治在理念、技术、方法上的升华。(3) 实践变化的发生，源于决策者对城市发展认知的转变。

阅读或下载各篇论文可扫二维码

“人间烟火”柴米油盐也有诗和远方

——通过社区营造进行旧城存量更新

张海翱　上海交通大学设计学院

摘要：一个个曾经充满烟火气的市井之所，伴随着城市的不断发展扩展，渐渐被世人遗忘在历史的尘埃中。我们社区营造策略的核心在于带回人的活动，寻找留存的记忆，拒绝布景式的高端商业，着力打造有记忆的烟火气，并且让烟火气息和精致生活并存，互相支持，使旧城社区成为新的社区催化剂。笔者的研究和设计思路是通过在地的走访与调研，梳理出周边百姓的真实诉求，通过对大量百姓样本的调研和归纳总结，勾勒出日常性人间烟火；同时，满足高端商业运营的功能需求及可变功能的非日常性诉求，通过人间烟火（接地气的功能）带动诗与远方（高端业态），双管齐下打造有活力的社区复合综合体。

城市公共空间失序的识别、测度与影响评价

——北京五环内基于街景图片虚拟审计的大规模分析

陈婧佳　龙　瀛　清华大学建筑学院

摘要：我国粗放式城市发展与建设导致当下的城市空间品质良莠不齐，出现了老城区空间老旧缺乏维护、部分新城区建设用地闲置、环境衰败等现象。借鉴社会学概念和理论，这种空间品质低下、空间秩序混乱的现象被定义为物质空间失序。在新数据的时代背景下，基于街景图片的非现场建成环境审计被认为是一种测度空间失序程度的有效手段。借鉴该方法，研究对北京五环内的城市空间失序现象进行了测度与评价，并开展了空间干预实验。研究发现，北京五环内不同程度地存在空间失序的现象，70436 个街景点中存在空间失序的比例达到了 50.1%，建筑外立面老旧、道路破损等是影响北京城市空间品质的主要失序要素，而空间失序将对城市活力产生负面影响。通过对城市空间品质低下甚至失序的公共空间进行识别，将为未来进一步的城市精细化管理与干预提供重要依据。

重塑公园开放，链接城市步网

——“开放街区化”的理念和启示

吕圣东　上海同济城市规划设计研究院有限公司

摘要：研究公园开放的内涵，区别于管理的开放研究视角，根据城市空间密度和市民步行需求变化，从城市步行空间视角来反思单纯管理开放曾经的收费公园在空间状态上并未真正开放的现实问题，在于管理模式引致的空间模式滞后。以公园城市为理念指导、开放街区化为技术路径，鉴别城市中心公园在城市步行网络中现有状态与应承角色的差异。多尺度比较传统公园模式与“开放街区”尺度的不协调性，理清传统公园空间模式向开放公园空间模式的途径，提出以外部城市空间步行肌理重塑内部公园交通，并构建公园空间开放度评价体系（PSOA 法）量化开放程度，以期定量描述空间开放状态、改善并解决空间开放问题。更好应对城市高密地区空间变化、服务城市步行体系，实现以人为本的公园空间、管理双重开放。

阅读或下载各篇论文可扫二维码

文化特质彰显与空间品质提升的耦合设计路径探索

——以苏州胥口镇孙武路周边地块城市设计为例

林凯旋　北京清华同衡规划设计研究院有限公司长三角分公司

摘要： 在强调高质量发展的城镇化“后50”时代，城市空间需坚持高品质、特色化的营建标准。城市设计作为城市空间品质营建的核心技术工具，应促进文化特质彰显与城乡空间设计的有效耦合。本文以苏州市胥口镇孙武路周边地区城市设计为例，通过对胥口镇文化体系、文化特质的梳理与识别，立足文化引领理念，从宏观、中观和微观三个层次以及文化和空间两大维度入手，探索文化特质彰显与城市空间品质提升的耦合设计路径。宏观层面，从山水格局、功能组织和风貌形态等方面探索文化与宏观空间的场域效应；中观层面，从街道空间、绿地广场、滨水空间和地标节点等方面探索文化与中观空间的互聚效应；微观层面，从城市家具和绿化配置等方面探索文化与微观空间的互聚效应。最终，落实城市双修理念，分类分时形成胥口镇孙武路周边地区城市空间品质提升的行动计划与工程项目库。

新时代地域文化符号的空间应用与创新

——以广东省岭南文化空间塑造为例

伊曼璐　广东省城乡规划设计研究院

摘要： 随着物质生活水平的提升，人民对城市品质、文化精神层面的要求逐步提高。新时代的城市文化空间，除了满足市民的日常需求之外，更应当进一步弘扬地区的文化特色，彰显地域历史风貌，体现当今时代气息和城市发展脉搏，助力城市建设成为具有人文内涵的宜居之地。本文以广东省为例，基于实践项目《弘扬岭南城市建筑特色及城市设计“十三五”规划》，研究岭南地区文化空间在农业时代、工业时代、服务（创意）时代的发展历程，总结新时代文化空间的类型与特征，依次对历史文化街区的空间更新、现代服务街区的空间创新、乡村地区的文化空间重塑方式进行分类研究与探讨，并在文化元素表达的逐步抽象化、互动交往空间的边界模糊化、大地景观的回归与修复等方面相应提炼出对应的塑造手法，以期未来能够进一步合理引导当代城市文化空间建设，塑造和凸显地域城市文化特色。

人本思想导向下的宜居环境规划建设实践与思考

——以西咸新区为例

唐　龙　朱　佳　康若荷　张海丹　陕西省城乡规划设计研究院

摘要： 在明确以“人本”思想为宜居环境建设核心内涵的基础上，厘清宜居环境建设关于目标价值取向、实施行动机制、动态调整路径、多种绩效评估的建设要点，以西咸新区实践为例，按照“自上而下”和“自下而上”两种建设思路，探寻一条上下结合的宜居环境实践路径。通过多角度宜居环境建设评估，以问题和目标为导向，搭建了“规划引领＋方案实施＋机制保障＋监督评估”的总体建设框架，本文具体从聚焦近期发展，深化年度建设方案为实施抓手，以倡导性规划参与平台建设以及群众参与体制机制创新为保障，以动态追踪制度、任务考核制度为监督方式展开讨论。

阅读或下载各篇论文可扫二维码

预则立，不预则“费”
——西咸新区空间“预治理”方案初探

曹　静　王　哲　深圳蕾奥规划设计咨询股份有限公司

摘要：为防止新区未建区产生与已建区同样的问题，本文在详细分析西咸新区现状基础上，提出新区空间“预治理”需解决的三个核心问题，即开发时序不合理导致的资源浪费问题、空间关系未厘清导致的特色缺失问题、目标设定不实际导致的持续性差问题。面对这三类问题，本文以开发时序合理化、空间建设品质化、目标设定实际化和规划管控制度化为四大抓手，提出空间“预治理”具体方案：在开发时序方面，划定单元，保证各单元有序建设，提升开发效益；在空间建设方面，紧扣品质要求，紧抓特色资源；在目标设定方面，注重可持续发展、综合发展，满足多方诉求；在规划管控方面，通过工作手册保障空间“预治理”方案的实施和管控。新区空间“预治理”方案是促进新区积极发展、保障政府动态管控的工作方案，对新区未建区的建设工作有一定借鉴意义。

生态与信息文明时代的产业园区转型发展与规划响应探索
——以沈阳中德高端装备制造产业园为例

李晓宇　沈阳市规划设计研究院有限公司　朱京海　中国医科大学
范继军　华东建筑设计研究总院　张　路　沈阳市园林规划设计研究院

摘要：全球城市发展已经从工业文明时代向生态文明时代逐渐过渡，以工业 4.0 为引领的新一轮技术革命正在加快促进这一转型进程，对城市空间规划与建设提出了新的课题和挑战，研究并尊重城市发展的客观规律是进入新发展阶段的重要使命。产业园区作为我国各大城市参与全球经济合作与竞争的主要空间载体，对生态文明导向发展趋势有着极其敏感的应变性，普遍面临着发展动力转换的契机和需求，逐步朝着绿色化、平台化、簇群化、智能化、国际化的方向迈进。本文以中德（沈阳）高端装备制造产业园为主要例证，总结近年来园区的发展动态与规划创新实践，阐述了产业园区动力转换的基本趋势与突出特征，并尝试探索与这一转型相适应的规划响应机制与方法路径，以期为这一时期产业园区规划与建设提供思路借鉴。

阅读或下载各篇论文可扫二维码

文化基因视角下一般历史地段风貌区的保护与更新研究

——无锡南泉古镇的保护与更新

王　波　四川大学锦城学院　张俭生　苏州规划设计研究院股份有限公司

摘要： 城市一般历史地段的历史遗存大多呈多元交错、碎片化、非均质化分布，并且存在功能混杂，新旧空间叠合、并置的现象，故一般历史地段风貌区的保护与更新具有复杂性与特殊性。由于缺乏有效协调保护与发展的应对措施，这些相对容易被忽视的历史环境在城市更新的浪潮中，逐渐一片一片地消逝。因此，迫切需要探索一般历史地段风貌区的保护与更新方法。无锡南泉古镇反映了我国晚清至民国时期村落的基本特征，在一定程度上具有特定历史时期的代表性。古镇内历史遗存呈散点状分布，未能形成组群状、规模的街区肌理，并且区内用地功能混乱，呈有明显的结构性、功能性衰退的表征。由于区位优势不明显，得不到必要的保护资金投入，当前古镇正面临逐步衰败，同时导致其承载的传统价值和文化特色也随之消失。本文研究在文化基因的视角下，以无锡南泉古镇保护与更新为例，解读历史风貌区的文化基因，发掘、整合风貌区的文化线路，构建文化网络。在此基础上设立保护单元，建构多层级的保护格局，构筑有效保护与更新模式，旨在探索城市一般历史地段风貌区的保护与更新方法。

昆山市道路桥梁桥下空间利用规划与导则

王　琪　肖　飞　苏州规划设计研究院有限公司昆山分公司

吴　瑕　刘　宇　昆山市交通运输局

摘要： 昆山市中心城区道路桥梁桥下空间利用形式多样，但存在空间利用率低、资源浪费严重、空间形象差、存在安全隐患、管理混乱和违章执法困难等问题，根本原因是政府和相关部门重视力度不够、早期规划设计不合理和指导性政策缺乏等。通过借鉴国内外先进城市经验，提出昆山市道路桥梁桥下空间利用规划目标和影响因素，针对社会停车、公共活动场地、城市公园、市政设施、公交停车场和公共自行车停车场等 6 类设施进行功能布局，提出每处桥下空间推荐功能、可选功能和不可选功能。最后通过编制《昆山市道路桥梁桥下空间利用导则》，进一步明确桥下空间设置 6 种功能的技术要求和标准，指导后期详细设计。

河津城市绿色空间历史回归型修补方法探索

张　雯　西安建大城市规划设计研究院

摘要： 绿色空间建设是现阶段转变城市发展方式的重要手段，是提升城市空间品质的重要抓手。在城市双修及文化自信大背景下，从历史文化角度整体提升城市绿色空间建设显得尤为迫切。本文在解析河津城市绿色空间发展现实困境的基础上回归历史，将河津城市绿色空间的历史营建思想归纳总结为“目之所及”“心之所向”“触之所往”，同时提出目极可达——回归区域的生态基质、心极可知——回归城市的枕山面水、触极可感——回归公共空间的深度体验三大历史回归型修补策略，以期解决河津城市绿色空间现实发展问题，提升居民人居环境品质，并资鉴类似地区城市绿色空间的修补。

阅读或下载各篇论文可扫二维码

柔软的城市
——关于空间社会弹性的思考与实践

蔡一凡　上海同济城市规划设计研究院有限公司

摘要：研究探索在多元文化交织的社会环境下，城市设计如何增加空间的社会弹性。具有社会弹性的空间应当具有一定的使用功能的自由度、空间组织的自由度以及空间开放性的自由度。通过思考四维城市设计的理论和方法，将三维空间设计放之于时间维度，探究弹性空间对于城市空间的意义。同时，基于真实的社会环境进行时空优化策略，并初探改善空间社会弹性的设计方法。

非成片历史风貌地段公共空间活力重塑
——以上海北京东路地区为例

刘曦婷　上海同济城市规划设计研究院有限公司

摘要：上海最新一轮总规提出建设全球城市的目标，并划定了中央活动区。研究整个中央活动区的空间环境与活力指数，却呈现两极分化、反差强烈的状况，且活力缺失区域大多位于历史风貌保护区之外，北京东路地区就是存在这些问题的典型代表。本文以公共空间为研究主体，分析北京东路地区公共空间活力缺失的核心问题是用于触发活力的公共性空间增量极度不足，及公共空间与现有及可能吸引的人群需求极度不匹配两个问题。规划通过建立以街巷网络为主体的公共空间体系，解决空间增量与空间需求问题，为北京东路及同类型地区活力复兴提供一种解决方式。

走向滨江：浦东滨江绿地空间优化初探

牛珺婧　上海同济城市规划设计研究院有限公司

摘要：恰逢浦东滨江沿岸全线贯通，作为面向上海市民和中外游客世界级滨江，滨江沿岸的绿地空间为人们提供了难得的休闲漫步观光的去所。从滨江绿地空间的使用情况来看，存在空间使用不充分、适用人群层次单一等问题，这也与滨江开放空间目标定位之间存在较大悬殊。围绕这一问题，本文以绿地空间完整连续且历史文化遗存丰富的“民生码头和新民洋”段滨江绿地空间为例，分析了影响滨江绿地空间开放性使用的关键要素，基于基地空间特征和使用人群行为偏好，从滨江步行出入口的空间优化、滨江设施的匹配引导、滨江环境的扩大化设计三方面提出提升滨江绿地空间开放性的优化策略，旨在探讨通过提升滨江空间的吸引力和可进入性，从而提升空间的开放程度，以助于滨江空间这一稀缺资源更好地服务于上海市民和中外游客。

阅读或下载各篇论文可扫二维码

基于需求多样化的公共空间优化研究

——以成都市为例

陶　乐　上海同济城市规划设计研究院有限公司

摘要：广场舞大妈抢占篮球场，后续升级为大打出手的肢体冲突，成为各媒体、社会议论的焦点。这让我们不禁反思是公共开放空间的匮乏还是双方的无理取闹。随着我国社会、经济等各方面的发展，人们的物质生活水平不断提高的同时，更加注重精神层面需求的满足。在这互联网时代里，人们逐渐意识到时间受手机、电脑等媒体所支配的危害，更愿意走出家门参与各类室外活动。尤其是老年群体对健身意识的苏醒，希望住所周边有更多更宽敞的公共空间来强身健体。反观我们城市中的公共开放空间，可发现布局散乱、品质不一、功能单一等问题突出，导致有的公共开放空间使用频率过高、拥挤不堪，有的无活力、无人问津。为了重新唤起城市开放空间活力，从城市居民的多样化需求出发，对现有的城市开放空间进行重新认定和提升改造，使之更好地服务于居民。

从“网红圣地”到城市空间的可识别

张庚梅　上海同济城市规划设计研究院有限公司

摘要：随着城市的不断发展，我国的城市空间日趋无序，城市空间的特色逐渐消失，城市空间的同质化催生出“网红圣地”这一现象级产品，侧面反映出人们对空间多样化的需求，在分析城市设计与城市空间的易识别性内涵的基础上，结合凯文·林奇的“城市意象”五要素：标志、路径、区域、节点及边沿，就目前网络信息反馈后城市空间的可识别性新特征予以探讨，以及城市设计与认知地图的形成过程的矛盾性，重新审视城市空间设计的要素，提出认知“飞地”的概念。在城市设计传统要素构建的基础上，形成新的城市空间可识别要素体系。城市空间的可识别性对帮助人们找到环境的认同感与归属感、建构具有城市特色的城市空间具有重大意义。

从“搬进来”到“活出彩”

——以右所镇西湖村生态搬迁安置区为例

许景杰　上海同济城市规划设计研究院有限公司

摘要：随着“洱源净，洱海清；洱海清，大理兴”理念的提出，作为洱海之源的洱源县面临着严峻的生态治理任务，特别是洱源西湖的生态治理工作。为响应省政府提出的“洱海抢救性保护行动”，强化对洱海水源的治理工作，经洱源县一河三湖指挥部和右所镇人民政府研究决定，对西湖六村七岛居民进行搬迁。在此背景下，通过对西湖六村七岛村民的民族风俗、生活习惯、心理预期及村庄空间肌理的调查分析，从文化、宗教、生产、娱乐等几方面出发，探讨具有白族风情的生态宜居的安置社区。由自然聚落到整体搬迁安置，村庄原有地缘关系发生转变，变更背后的社会属性、物质属性均对安置区公共场所的规划提出新的挑战，如何营造充满活力，益于居民交往，便于生活的社区公共场所是此次研究的重要内容。

阅读或下载各篇论文可扫二维码

城市更新与社区治理

观点聚焦

深圳大学建筑与城市规划学院张艳的演讲题目是“城中村更新治理的公租房模式探讨”。研究以柠盟人才公寓，即深圳首个城中村综合整治与政府公租房供应相结合的城市更新项目为案例，总结了深圳人才住房管理经验，提出了对以存量住房资源即城中村改造为租赁型人才住房模式的探索。项目位于深圳市中心城区，由29栋城中村住宅组成。改造过程由政府、第三方建设公司和村集体经济三方共同完成。整体来看，项目实施效果较好，物质空间留存，环境质量提升，设施全面改造，实现了多方共赢。同时，实际问题也较明显。一是应逐步实现从“政府主导”到“政府引导”的转变，积极推动市场力量，开展城中村综合整治与公祖房体系统筹，减少对于中低收入群体的“挤出效应”。二是应合理确定不同区位配租对象的差异，城中村改造公租房更适合交通方便且靠近产业园区的城中村，向收入水平相对较低群体配租。三是进一步依据租户需求进行空间改造。

中国人民大学城市规划与管理系万成伟的演讲题目是“从‘管理’走向‘治理’：实现广州美好人居的城市更新之路”。城市更新治理是解决广州新时代发展矛盾，即城市高品质发展与“三旧”地区及其承载经济社会空间系统之间的不平衡、不充分矛盾的战略选择。广州的城市更新治理经历了从短平快拆除重建，到危旧破房与城中村改造，到“三旧”改造，到城市更新局成立后改造常态化的四个阶段，形成了一条由传统的管理模式向现代治理模式演变的路径。更新目标上，转向全面综合发展多维的城市目标；更新模式上，转向政府、市场、利益主体等多元合作模式；更新内容上，转向谋划全局的整体城市更新；更新机制上，转向追求产业经济、社会文化、政策制度的综合发展；更新方法上，转向改造和微改造并举，以制度保障有序的城市更新体制。广州美好人居城市更新治理，将进一步以人民美好生活需求为导向，把原住民及外来人的居住权与城市发展权纳入更新理念、更新方法和制度设计。

深圳蕾奥规划设计咨询股份有限公司张莞莅的演讲题目是“释放活力，协同创新，共享成果——城市‘微更新’制度化建设的路径探索”。微更新是一种不失灵活的城市综合整治方式，研究比较了当前若干改造模式，如政府引导、志愿者介入的上海模式，政府、居民、设计师“共同缔造”做法取得较好成效；如政府推动、企业执行的广深模式，城中村住房租赁市场商业模式有待解决；如政府强力介入、强制实施的中国香港模式，楼宇复修建筑安全管理经验值得借鉴。研究提出作为空间治理重要内容，应构建“主体—程序—规则”的制度设计框架。主体维度上，构建基础框架，实现主管部门牵头、多方参与的工作组织方式，以政府信用推动各方达成协议，延伸产业链条参与微更新项目。程序维度上，建立“全生命周期管理”流程，探索省级层面“一次改造、长期保持、自发复制”的微更新机制。规则维度上，聚焦“培育运营商”，运用多种模式，增强企业盈利能力。

上海市浦东新区规划和自然资源局赵波的演讲题目是“社区微更新的制度化路径——试议浦东新区缤纷社区建设”。上海城市建设已从“大拆大建”转向存量更新和品质提升，浦东新区开展了缤纷社区建设工作，可以概括为围绕9项行动、9个主体，通过3个平台形成了3种典型模式。9项行动即选取与居民生活密切相关的9类公共要素进行微更新；9个主体则包括政府和社会的方方面面，形成内、中、外三个圈层，居民、居委、社区代表在内层，社会组织、专业人士、企业在中层，街镇、政府部门、媒体在外层；3个平台包括政策平台、运行平台和沟通平台；3种模式即社会组织为媒搭建公益基金会、专业人士为媒成为设计师和协调者、企业为媒实现经济效益和社会效益双赢。缤纷社区项目推进是一个社会治理过程，是从零星社区微更新走向制度化社区的全新探索，没有在政府已有管理制度之上另起炉灶，而是在政府职能转变、社会赋权增能的过程中，探索可持续的发展路径。

同济大学建筑与城市规划学院杜怡锐的演讲题目是“健康导向社区公共空间微更新规划方法及实践探索——以上海市开鲁新村为例”。研究回顾了“健康社区”倡导下，社区“韧性生长有机体”“能够改善健康水平的理想家园”的理念，依据居民健康需求以及对“健康社区”规划理念，提出5点健康导向的社区公共空间微更新路径：促进体力活动，减少不利环境因素暴露，提供交往空间，激活共享健康资源，倡导参与式社区营造。研究结合上海市杨浦区开鲁新村实践案例，在面临基础设施老化、环境卫生差、停车困难等问题的社区，提出微更新策略，推进健康社区发展。规划将集中绿化活动场地改造成为“社区公共中心”：一是提供多样化交往空间，促进居民体力活动；二是微气候评估分析提升环境舒适度；三是活化闲置资源，共享健康设施。微更新是提升老旧社区居民生活品质的有效手段，对居民和社区健康发展具有重要意义。

上海同济城市规划设计研究院有限公司徐剑光的演讲题目是“从产业重构到空间更新：株洲清水塘老工业区改造规划实践与启示”。研究围绕株洲清水塘老工业区案例，探索环境锁定下空间更新。清水塘老工业区更新是一个从产业重构到空间规划的过程，归纳了5个方面的问题。一是旧工业遗产怎么用？规划采取“留、改、拆、加”分类对待方式，进行工业遗产调研工作，登记工业遗产112处，其中65处纳入保护范围，园区通过开放利用，导入产业，激发活力。二是新工业还要不要？规划通过对于各种工业门类静态比较优势“区位熵”和“动态”比较优势提出将项目立足于株洲“动力谷”延伸，承接其芯片、智能制造相关产业布局。三是负面空间资产应对。四是新产业空间营造。五是开发收益平衡，规划结合场地条件开展了针对性改造设计，遵循“从产业到空间、从开发到收益”的技术逻辑，推动“地产+开发+创投”可持续的运营。

主题论文

城中村更新治理的公租房模式探讨
——以深圳市柠盟人才公寓改造为例

张　艳　深圳大学建筑与城市规划学院

摘要： 深圳市柠盟人才公寓改造是深圳市首个将城中村综合整治与政府人才住房供应相结合的城市更新项目，开创了一种政府、企业、城中村业主等多方合作的综合整治新模式。本研究基于对柠盟人才公寓更新改造所涉政府部门、企业的深度访谈，以及对柠盟人才公寓租户与公寓所在的水围村租户的问卷调研，剖析柠盟人才公寓更新改造的绩效。研究发现，柠盟人才公寓的改造使得城中村环境质量的大幅提升，城市空间记忆得到较好保留，但该公寓所提供的居住环境与租户需求之间存在一定程度的错位，且对于水围村原住户存在空间"挤出效应"。研究最后探讨了这种开发模式推广的可行性，认为应该从"政府主导"走向"政府引导"，对不同区位的城中村进行差异化考虑，合理确定配租对象，并尽可能依据其需求进行空间改造优化。

从"管理"走向"治理"：实现广州美好人居的城市更新之路

万成伟　中国人民大学城市规划与管理系

摘要： 城市更新是伴随广州市改革开放以来城市规划建设管理的一项重要活动，是政府消减城市高质量发展需求与更新地块承载的社会经济发展不平衡、不充分之间的矛盾的重要公共政策，更是广州实现美好人居的重要途径。新时代，面对新矛盾与发展新目标，广州城市更新需要新方法。在对新时期城市更新内涵解读基础上，提出"5W"的城市更新治理分析框架，并对广州的城市更新机制做了全面剖析，发现广州的城市更新理念和方式仍沿袭传统的城市管理模式，而未真正转向城市治理的范式。在新时代美好人居建设目标导向下，提出美好人居的城市更新治理模式及对策。

释放活力，协同创新，共享成果
——城市"微更新"制度化建设的路径初探

张莞莅　深圳市蕾奥规划设计咨询股份有限公司

摘要： 相较于既有的城市更新模式，城市微更新以其精细化、小规模和渐进式的特征，近年来成为盘活存量资源、改善民生问题、提升城市品质和活力的重要手段。但微更新工作本身具有一定复杂性，其内容涵盖多个方面，涉及众多利益相关方与资金注入，所需考虑与协调的因素纷繁错杂。目前，已有的相关研究多聚焦于案例实践方面，对微更新本身的概念内涵及其运作的制度环境探讨较少。以广东省推进城市微更新工作为契机开展政策预研，借鉴深圳、上海和香港等城市经验，基于"主体—程序—规则"的思路搭建省级层面推进微更新工作的制度框架，探索建立"政府倡导、市场推动、基层参与"的工作机制，并提出相应的政策及制度建议。

阅读或下载各篇论文可扫二维码

社区微更新的制度化路径

——试议浦东新区缤纷社区建设

赵 波 上海市浦东新区规划和自然资源局

摘要：近几年，各地政府在小范围社区微更新的基础上，将社区微更新朝着制度化方向迈进。缤纷社区建设是上海市浦东新区在社会治理创新背景下对社区微更新的制度化路径探索。缤纷社区建设以社区微更新为载体，探索一条符合超大城市特点和规律的社会治理新路。本文在系统梳理两年来缤纷社区建设工作的基础上，对制度设计做了提炼，包括9个主体（居民、居委、专业人士、社会组织、企业、社区代表、媒体、街道、政府部门）、3个平台（政策、运行、沟通）、3种模式（社会组织为媒、专业人士为媒、企业为媒），为其他城市开展社区微更新工作提供可复制、可推广的经验。

健康导向社区公共空间微更新规划方法及实践探索

——以上海市开鲁新村为例

杜怡锐 颜少杰 王 兰 谢俊民 同济大学建筑与城市规划学院

摘要：人居环境规划设计与公共健康关系密切，社区作为人居环境五大层次之一，是健康城市策略实施的基本单元。本文提出健康导向的社区公共空间微更新作为建设健康社区的抓手，针对居民身心健康，从个体健康和社区健康两个维度出发，梳理健康社区规划理念，进行“小规模、低影响、渐进式”的更新改造；提出5个方面规划路径，包括减少不利环境因素暴露、促进体力活动、提供交往空间、激活共享健康资源、倡导参与式社区营造。同时本文结合上海市杨浦区殷行街道开鲁新村的案例进行规划实践，从促进交往与体力活动、减少不利环境因素暴露、激活共享健康资源三个方面，提出微更新策略，提升老旧社区居民生活品质，鼓励居民形成健康的生活方式，推进健康社区的发展。

从产业重构到空间更新

——株洲清水塘老工业区改造规划实践与启示

徐剑光 上海同济城市规划设计研究院有限公司

摘要：产业空间是工业化时代以来近现代城市的重要功能空间，在城市扩张进程中，老工业区往往成为城市内部空间冲突最为剧烈的区域。老工业区的产业空间更新应遵循“从产业到空间、从开发到收益”规划逻辑。本文以株洲清水塘老工业区为例，从四个维度提出了老工业区空间更新的规划关注点。首先是通过核心工业遗产保护和文化挖掘，撬动文化产业导入，并注重工业遗产的社区开放性共享。其次，产业的重构要与旧产业所遗留的负面空间规避结合，合理处置“负面空间资产”。第三，要明晰产业定位，并为新产业营造新配套，特别是生产、生活、生态“三生融合”的产城新空间。最后，大体量的园区更新必须充分考虑开发模式对产业空间结构和用地方案的影响，更新规划应通过投入产出测算，在社会资本方与政府诉求间寻找平衡。

阅读或下载各篇论文可扫二维码

健康城市引导下的城市空间治理

——中国医科大学老校区地区改造为例

金锋淑　沈阳市规划设计研究院有限公司　朱京海　中国医科大学
李　岩　辽宁远天城市规划有限公司

摘要： 随着城市的发展，社会结构与发展需求在发生着深刻的变革。随着全球范围的健康城市建设，不断推动着我国健康城市化发展。健康城市作为城市全新的发展理念，反映了城市发展中的对“健康环境、健康社会、健康服务和健康人群建设和谐发展”内在需求。城市的老城区拥有诸多的历史文化传承和城市发展印记，在面临不断变革的城市发展需求，寻求内生的，不断创新的、可持续的动力和机制成了城市更新中不断探寻的课题。本文通过梳理健康城市发展脉络，结合中国医科大学老校区特有的历史文脉与健康文化特色以及地区更新改造过程中新的发展需求，提出健康城市引导下的城市更新策略：以城市动能转换促进地区功能提升；通过空间布局与交通组织引领健康生活方式；强化健康城市文化与城市良性互动。

中日城市地下空间规划体系对比研究

袁　红　西南交通大学建筑与设计学院　李　迅　中国城市规划设计研究院
何　媛　西南交通大学建筑与设计学院

摘要： 我国城市地下空间规划制度处于探索阶段尚不完善，地下空间开发利用存在地方自治、系统不足、管理落后等问题，严重阻碍了其发展。本文分析了中日地下空间规划发展现状，运用比较研究方法，从土地制度、规划目标、规划结构、地下空间各层次规划内容等方面研究其差异，提出关于发展中国地下空间规划系统的建议。经研究发现，我国地下空间总体规模由于开发量难以预测，只能在规划原则及选址上起作用，控制性详细规划作为承上启下的链接在整个规划系统中具有法律效力，是政府控制和引导城市土地利用最直接、最有力的工具；由于土地制度、城市发展阶段及地下空间开发尺度的不同，中国的地下空间规划制度重视从宏观调控地下空间资源的开发利用，而“由城市集聚导向的日本地下利用制度”的精细化设计、人文关怀、规范、立法、协调等方面对我国的发展具有重要借鉴意义。中国迫切需要建立一个促进城市三维发展和合法化的地下空间规划编订流程和管理体系，并建立地下空间控制详细规划的协调机制，加强地下交通网络、地下综合体及地下街的规划。

阅读或下载各篇论文可扫二维码

从菜场到市场

——浅议上海传统社区菜场的空间品质提升

袁俊杰　上海同济城市规划设计研究院有限公司

摘要：菜场是与居民日常生活中最密切的公共空间，可以说，菜场承载着城市居民的乡愁。随着居民生活水平的提高，消费主体的更新迭代以及以互联网为依托的新兴生活方式的发展，传统社区菜场的空间形式与现代生活方式之间的矛盾使得菜场与青年群体的生活渐行渐远。通过对上海具有代表性的传统社区菜场的调研，探寻需求矛盾，发掘菜场的空间潜力，提升空间品质，探索使菜场实现与现代城市生活重新接轨的优化策略。

新标准影响下的居住区公共空间布局思考

陈晶莹　上海同济城市规划设计研究院有限公司

摘要：2018 年新出台的《城市居住区规划设计标准》以“以人为本”的核心理念，引导居住区向生活圈规划及开放社区转变，这将对居住区传统的空间布局模式产生根本性变化。公共空间作为人们城市生活的延续及社区生活的核心空间载体，将在未来居住区布局中起到结构性框架作用。本文通过对未来居住区公共空间的发展趋势的探讨，希望对其规划体系提出具有普适价值的基本空间模型。该模型依托15 min生活圈规划中的步行连接公共服务设施的基本逻辑，通过对 15 分钟生活圈公共服务设施的动态-半动态-半静态-静态的服务特点进行分类，形成三类不同的居住区公共廊道。同时通过《成都大天府公园城市龙泉驿区柏合新中心城市设计》项目对该模型进行应用，结合公园城市建设要求、地区特点及规划特色，探索该空间模式实践应用的可能性。

基于不同年龄人群的公共服务设施配置研究

陈亚辉　上海同济城市规划设计研究院有限公司

摘要：现阶段我国公共服务设施建设已相对较完善，规划不应是简单地追求设施的大规模扩张，而应该从相对微观的层面入手，更多地注重设施的精细化配置，同时，现有居住空间的非均质化造成人口密度的差异性，传统的公共服务设施配置模式已不能满足市场化的需求，特别是新的标准和规划导则的出现，需要一种新的设施配置模式。新版《城市居住区规划设计标准》（GB 50180—2018）和《上海市 15 分钟社区生活圈规划导则》（试行）均从人的需求出发，为不同年龄人群的设施配置提供了具体支撑，不同年龄人群所需设施类型、步行距离等存在差异性，因此，进行设施配置时应根据步行时间和年龄人群的不同，采用不同的服务半径。本文通过对镇海新城南区公共服务设施进行具体布局，试图为设施的精准化配置提供一种规划思路。

阅读或下载各篇论文可扫二维码

“精细化”视角下的“城市微更新”
——以苏家屯路美丽街区提升规划为例

程　婷　上海同济城市规划设计研究院有限公司

摘要： 以人为本、品质生活是当前城市更新的重要目标，而城市管理精细化是实现品质生活的重要途径。对规划师而言，从宏观尺度的城市规划到微观尺度的微更新落地，服务对象从城市各级管理部门转变为包括市民在内的多方主体，规划师需对“以人为本”进行更为深刻和现实层面的需求挖掘，从而实现提升品质生活的具体落地。本文以上海市杨浦区苏家屯路美丽街区提升规划实践为例，通过深入调研及挖掘相关主体需求，最终实现打造一条更具有温度的城市街道，希望能够以点带面，为更多类似的城市微更新实践提供借鉴，共同打造更人性化、更有温度的人居环境。

垃圾攻略
——构建无废社区的实践探讨

段王娜　上海同济城市规划设计研究院成都分院

摘要： 随着人们生活水平的提升，人类制造的垃圾数量也“水涨船高”。相关统计数据显示，在我们的日常生活中，城市居民平均每人每天会产生约 1.5 kg 的垃圾。与数量激增不相适应的是处理方式的滞后和分类观念的淡薄，一边是垃圾清运工作的简单粗放，一边是居民倾倒垃圾的漫不经心，让垃圾分类、回收利用多数停留在书面、口头中。那么当前的城市里，每天产生的数千吨垃圾都是被怎么处理的？垃圾分类为何难？又难在哪里？居民们对于“垃圾分类”意识薄弱或成为主因之一。“垃圾分类”离我们又有多远呢？你家的小区有分类的垃圾桶吗？你会对垃圾分类处理后再扔进去吗？垃圾分类的好处，你感受得到吗？本文针对“垃圾分类”的大政策背景，研究作为规划师的我们，在能力范围内可以做些什么。

为大众做的公共休闲产品
——以环巢湖国家旅游休闲区为例

黎　慧　上海同济城市规划设计研究院有限公司

摘要： 随着环巢湖国家旅游休闲区的批复，旅游休闲区这一名称正式提上日程。旅游休闲区源于美国，位于大都市近郊，目标是关注生态与公众休闲间的平衡，释放公众近、中程日常休闲的需求。但我国传统的旅游规划，重“旅游”而轻“休闲”，重“经济”而轻“公众”。面对旅游休闲区的建设，在传统规划的盲区下，我们可以为大众的休闲做些什么？本文以环巢湖国家旅游休闲区为例，提出公共休闲产品的规划路径，从传统旅游产品、服务设施着手，通过公共休闲的手段，形成可以落地的公共休闲产品，以指引类似旅游休闲区域的建设，为大众做可以用的公共休闲规划。

阅读或下载各篇论文可扫二维码

从棕色到绿色遗产

——基于云南省禄丰县德胜钢厂搬迁改造的思考

徐春雨　上海同济城市规划设计研究院有限公司

摘要：伴随我国城市化的快速推进和“退二进三”“腾笼换鸟”等产业政策的变迁，许多城市出现“城围厂建，厂建城中”的尴尬局面，企业发展与城市发展矛盾日趋突出。为缓解城市发展与企业发展之间的矛盾，许多原本处于城区的工业企业从城市中搬出，退城进园，此举在提高土地极差地租效益、生态环境保护、优化城市功能布局均带来发展契机，同时也造成大量旧工业厂房、厂区和废弃工业用地的出现。如何盘活城市工业空间，提高废弃工业用地的管理、修复和再开发利用，植入文旅、大健康、高新技术、生态等新兴产业，助力城市转型发展，成为城市发展中的重大议题。本文基于云南省禄丰县德胜钢厂搬迁改造项目，对盘活工业空间、从棕色到绿色遗产改造的方式策略提出若干建议，并对相关案例进行阐述，论述工业空间改造对助力城市转型发展带来的意义。

公共与公平

——场景营造视角下旧工业区更新的方法组合论

王剑威　上海同济城市规划设计研究院有限公司

摘要：随着城市发展增速趋于平缓，存量更新已经成为可持续发展的主要方式。旧工业区因其较大的更新潜力，正逐渐受到广泛的重视。本文梳理当前国内外多个城市旧工业区更新政策、开发经验，结合《上海新曹杨科技综合体（暂名）》等项目实践，发现公权和私权的利益平衡、贡献性和经营性的合理转换、复合功能再造和多元场景营造是更新过程中不可回避的核心话题。本研究以此为出发点，探索一种具有普适性和指导性的场景营造视角下的利益平衡模式。

阅读或下载各篇论文可扫二维码

研究方法与技术创新

观点聚焦

同济大学建筑与城市规划学院周新刚的演讲题目是“基于智能城市评价指标体系的城市诊断”。1978～2018 年，中国常住人口城镇化率从 17.9%提升到 59.6%，以资源严重耗费、环境污染以及依靠廉价劳动密集型职工为基础的快速城镇化已经难以为继。智力城镇化是未来中国城镇化必需的转变和选择。智能城市区别于传统城市发展模式的根本之处就在于，智能城市是通过系统和全生命周期的发展理念，运用大数据、人工智能、移动互联网、云平台等信息技术，消耗资源最小化的精明发展。智能城市评价体系是推动智能城镇化的重要研究，因此建构了智能建设与环境、智能管理与服务、智能经济与产业、智能硬件设施、居民智能素养 5 个一级指标和 20 个二级指标的智能城市评价体系，并以世界城市和长三角城市为例，对各个城市的智能化进行诊断。

深圳市蕾奥规划设计咨询股份有限公司曾祥坤的演讲题目是“基于‘目标—制度—内容’设计逻辑的控规改革思考”。过去 30 多年来，城市“怎么规”“怎么建”问题已比较清楚，控制性详细规划（简称：控规）功莫大焉。随着城市存量部分越来越多，“规划管理缺位”对城市社会经济的负面影响会越来越大，控规必须面对“怎么管”问题，思考新的历史使命。研究依托广东省控规编审改革研究经验，从“目标—制度—内容”三个方面建立了控规优化逻辑。目标设计方面，建议控规从过去一个规划层次、一个规划品种向城市治理平台载体转变。平台包含城市规划实施、城市建设管理、城市治理和体制创新。制度设计方面，将控规编制修改、审批、实施维护串接成循环反馈、动态运行的环式管理模式；推动规划、规范和规则三规互补互动；建立分层、分类、分区、分级控规编审实施架构。内容设计方面，完善控规管理制度体系、推动编制技术革新、优化审批修改程序和建立动态管理机制。

上海同济城市规划设计研究院有限公司胡刚钰的演讲题目是“基于LBS/手机信令大数据的城市交通分析与评价技术方法研究”。研究包括对交通现状的分析和对规划方案的评价两个部分。对交通现状的分析，包括基于手机大数据的居民出行特征分析、机动车（道路）运行特征分析、空间职住特征（职住平衡度）分析等方面。其中，对居民出行特征的分析，重点研究了手机大数据和传统居民出行调查数据的校核与互补。对规划方案的评价，主要研究了在大数据现状分析的基础上，情景模拟评价方法在城市总体规划空间方案制订过程中的探索应用，如桥梁、隧道等重要交通基础设施的选择以及旅游城市等特殊城市的特色分析等。研究旨在规划中，对城市交通出行方式划分、交通大通道战略制订、城市空间结构的确定等多个方面提供参考与技术支撑。

上海同济城市规划设计研究院有限公司韩胜发的演讲题目是“新型数据在城市诊断中的应用研究——以廊坊城市双修为例”。城市是居民共同的城市，规划不仅要从旁观者角度识别城市居民活动特征，更需要从使用者角度了解居民切实需求。在廊坊市“城市双修”实践中，规划提出了社会修复概念，尝试以信息研究，做到精准、精确反映居民诉求，实现快速有效的城市问题诊断。基于110警情信息，研究得出老旧小区是警情发生高频地区，规划在交通优化、管线改造、建筑改造、智慧安防等方面给予应对。基于市长热线信息，研究得出居民关注集中在市政设施（如排水、燃气）、公共设施（如学校）和停车三个方面，设施问题常常是终端问题，缺乏直接管理部门，规划提出机构优化和设施建设同步开展策略。基于微信问卷信息，研究得出居民在公园建设、公交线路和站点优化、停车空间建设和排水、供暖优化等方面诉求，规划展开调研核查，提出解决策略。

北京城市象限科技有限公司付昊琨的演讲题目是“基于多源大数据的‘人居品质评估’实践”。北京市委城市工作委员会第一次会议提出加强城市精细化管理，深入推进背街小巷环境整治提升，推行共生院模式，围绕“七有五性”改善民生，增强市民的获得感、安全感、幸福感。研究以“七有（幼有所育、学有所教、劳有所得、病有所医、老有所养、住有所居、弱有所扶）、五性（便利性、宜居性、多样性、公正性、安全性）、三感（获得感、安全感、幸福感）”为街道工作目标，从区域基本认知和人居品质评估两大维度，选取人口、土地建筑、职住通勤、公服便利、交通可达、区域活力、景观风貌和住区品质八大类要素，建立了依托大数据的街道人居品质评价体系。以北京为例，评价出人居品质最高的街道是三里屯街道和双井街道，并希望评价体系可在城市街道人居环境大数据体检监测工作中发挥重要作用。

上海同济城市规划设计研究院有限公司邢栋的演讲题目是“城市居住人口空间分布与发展变化研究方法探讨——基于居民到户用水量数据”。居住人口空间分布对研判城市实际发展质量具有不可或缺的作用，居住人口是流动的、隐性的，较难监测，尤其是在镇级行政单元或非独立统计单元的结构研究中，传统人口普查统计数据支撑作用极为有限。规划采用居民到户用水量数据，从资源消耗角度识别居住人口情况，并建议纳入信息监测平台，强化监督反馈，作为城市治理基础性工作。研究以花桥国际商务城为例，探讨城市居住人口空间分布与变化的研究方法。一是花桥城市发展日益成熟，用水极限高、低人口规模逐渐与人口统计数据相吻合，以用水数据分析城市人口分布情况价值日益凸显；二是可以较好地对城市居住人口分布与发展变化、城市住房闲置率进行监测；三是可进一步评价地区内土地供给、公共服务设施服务的空间绩效；四是可结合手机信令数据动态联系数据进行职住关系的更细致分析。

主题论文

基于“目标—制度—内容”设计逻辑的控规改革思考

曾祥坤　深圳市蕾奥规划设计咨询股份有限公司

摘要：当前，控制性详细规划面临着目标转换失焦、制度运行失衡、内容体系失重等问题。借鉴国外同类发展规划的实践经验，本文提出沿着“目标—制度—内容”的设计逻辑推动控规的改革前进。基于该框架，控规改革须对应解决控规是什么、怎么管和怎么改这三个层层递进的问题。本文认为：①在目标问题上，控规应当从过去的一个规划层次、一个规划品种向城市治理的多元复合的平台载体转变；②在制度问题上，控规编审管理应由一次性完成的线性“单向规划”转变为循环反馈的环式“过程规划”，在外部建立规划、规范、规则互补互动的编审实施环境，在内部构建分层分类的编审实施架构；③在内容问题上，控规应从完善管理制度体系、推动编制技术革新、优化审批修改程序、建立动态管理机制四个方面着手，根据各地实情循序渐进地推动改革工作。

基于 LBS/手机信令大数据的城市交通分析与评价技术方法研究

胡刚钰　张　乔　方文彦　上海同济城市规划设计研究院有限公司

黄建中　同济大学建筑与城市规划学院

摘要：研究基于 LBS/手机信令大数据对城市交通现状进行实证分析，进而对规划方案进行情景模拟评价。对交通现状的分析，主要包括居民出行特征分析、机动车（道路）运行特征分析、空间职住特征（职住平衡度）分析等几个方面。其中，对居民出行特征的分析，包括了手机大数据和传统居民出行调查数据的校核与互补。空间职住特征分析主要通过职住空间关联的动态 OD 来反映城市空间结构的内在关系。对规划方案的评价，主要研究了在大数据现状分析的基础上，情景模拟评价方法在城市规划空间方案制定过程中的探索应用。也包括桥梁、隧道等重要交通基础设施的选择以及特殊城市如旅游城市的特色分析等。以期在规划中，对城市交通出行方式划分、交通大通道战略制定、城市空间结构的确定等多个方面提供参考与技术支撑。研究尚处于探索阶段，一些初步结论可能还存在有待商榷之处，未来从理论建设到项目应用还需更多实践。

新型数据在城市诊断中的应用研究
——以廊坊市“城市双修”总体规划为例

韩胜发　董亚涛　上海同济城市规划设计研究院有限公司

摘要：在经历了多年的快速城镇化后，城市积累的各种问题和矛盾日益凸显，在以人民为中心的思想指导下，如何快速、有效识别市民最关切的城市问题是新阶段城市发展和建设的重要内容。市民热线、110 报警信息和微信问卷数据成为诊断市民最关注的城市问题的新型数据，可利用空间句法、GIS 核密度分析方法、词频分析方法等，从用地功能、道路等级、建筑高度等方面进行城市问题和城市空间的相关性分析，为优化城市空间提出相关策略。分析显示，老旧小区是社会矛盾较为集中的地区，城市问题的主要根源是社会问题，在城市生态修复和城市修补的基础上，提出社会修复作为城市双修的基础。城市修补的核心就是要有可利用土地资源，低效用地、城中村改造用地、已批未供用地是可利用土地的重要来源，为有效保障规划推进，提出了“城市三修”的项目库和“六个一”近期行动。

阅读或下载各篇论文可扫二维码

基于多源大数据的“人居品质评估”实践

付昊琨　北京城市象限科技有限公司

摘要：随着人们对城市建成环境以及城市服务品质要求的提升，对于城市观测的精细化需求在不断增加。以往城市治理的过程中，对城市观测的尺度往往只能精细到区县级，城市的实时运行状态、活力性、多样性等也往往容易被忽视。本研究利用新兴多源大数据对城市运行状态进行了监测和刻画，生成了一套涉及 8 大类和 35 个因子的人居品质评估指标体系，评估维度涉及职住通勤、公服可达、交通便利、景观风貌和住区品质等方面，并利用该指标体系对北京市 152 个街道进行了人居品质评估。评估结果有别于传统认知，排名相对靠前的街道普遍位于朝阳区和东城区。这些排名靠前的街道，以位于朝阳区的双井街道为代表，普遍具有区域混合度高、交通路网稠密、区域商业和文化活力旺盛、政府主导和市场主导类公共服务设施便利度较高等特征。

城市居住人口空间分布与发展变化研究方法探讨
——基于居民到户用水数据

邢栋　王骏　上海同济城市规划设计研究院有限公司

摘要：居住人口空间分布结构对于研判城市实际发展质量具有不可或缺的作用。但是，居住人口是流动和隐性的，较难监测。尤其是在镇级行政单元或非独立统计单元的结构研究中，传统人口普查统计数据时效性差，且抽样统计单元过大，对于研究居住人口空间分布结构的支撑作用极为有限；手机信令大数据则困于研究成本高、数据准确性受基站分布和识别率限制等因素也较难广泛应用于此类空间结构的研究。为此，研究采用居民到户的用水量数据从资源消耗的角度表征居住人口，以花桥国际商务城为实证案例探讨城市居住人口空间分布与发展变化的研究方法。研究得出，以用水数据分析城市人口分布情况参考价值与城市发展成熟程度正相关；可以较好地对城市居住人口分布与发展变化、城市住房闲置率进行监测；可基于此研究分析结果评价地区内土地供给、公共服务设施服务的空间绩效；在职住关系研究方面还需要结合手机信令数据的动态联系数据进行更细致的分析。最后，建议将此方法纳入城市信息监测平台，强化监督反馈，并作为城市规划和城市治理的基础性工作。

新经济、新空间、新方法

王　旭　深圳市规划国土发展研究中心

摘要：本文首先分析了新经济中新产业、新业态与新产业模式的内涵、发展动力、重点创新环节、产业链演化特征与就业结构变化特征。其次提出了在新产业、新业态与新产业模式不同的驱动方式下，城市产业空间相应呈现出的演化特征，包括科技创新载体的增长与集聚、产业园区的功能重组与结构变化、新的产业空间利用模式不断出现及多种空间功能与业态的混合与迭代等方面，分析了这些特征对传统规划方法的挑战。最后结合深圳实践，提出了应对新经济驱动下产业空间新变化的规划技术方法的创新思路。

阅读或下载各篇论文可扫二维码

城镇村公路交通网络可靠性特征与经济联系关联分析

魏　猛　葛国钦　蔡浩田　张　然　胡东洋　姜俊宏　重庆大学建筑城规学院

摘要： 基于烟台市区道路网络数据构建交通复杂网络，利用复杂网络分析方法和地理探测器从城镇整体网络、城镇中心性和经济联系等方面对烟台市域交通网络中心性及影响因素进行分析，结果表明：①烟台市区公路网络发展不均、交通联动发展进程相对滞缓，芝罘区是整体网络的中介，莱山区和开发区整体联系相对松散；②核心区域对周边网络节点具有一定的“遮蔽效应”和“虹吸效应”，内部街道和县道网络中心性普遍较强，道路等级设置不够合理；③影响因素显示经济和人口规模对交通流网络下的城镇可靠性影响显著，路网络可靠性提高对促进城市经济联系强度有重要作用。因此，提升核心区道路网络可靠性可促进区域组团发展有利于区域联动发展。

让互联网赋能城市空间

刘竞辰　上海同济城市规划设计研究院有限公司

摘要： 面对互联网的挑战，传统城市空间正日渐衰落，类比互联网和城市空间可以发现，互联网的优势是“信息传播”，城市空间的优势是“即身体验”。让互联网赋能城市空间的关键是发现传统城市空间的痛点，然后运用“互联网＋”的思维解决痛点。城市空间的第一个痛点是价值分布固化，传统城市空间的价值由实体区位决定，结合人的行为逻辑和竞租理论可以解释街区尺度上的“金角银边草肚皮”，以及城市尺度上市中心的空间价值大于郊区。互联网通过引入线上信息价值，能够重塑传统城市空间的价值分布，为街区内部空间和城市郊区的发展带来新的契机；以此为基础，竞租理论也可以有新的猜想和发展。城市空间的第二个痛点是时空资源分配低效，以租房和街道为例解释城市时空资源供给和需求的错位。互联网借助自身信息传播的优势，可以重整城市时空资源分配，更加高效、快捷地匹配租房和城市街道场景中的供给和需求。未来，只有发挥互联网和城市空间各自的优势，让两者融合才能共建未来。

浅谈基于数字技术的山水环境场地空间分析

邱燕娇　上海同济城市规划设计研究院有限公司

摘要： 在信息化全力推动下乡村城市化的当代社会，不可避免地对乡村绿色与美好的自然环境和生态环境造成不同程度的破坏。怎样平衡“构建智慧城市与建设美丽乡村”是现代城市规划的首要难题。科学的认知环境特征是当代城市规划的显著特点，也是山水环境规划分析与设计的重要前提，其基础是场地要素的数字化采集与信息量化。本文通过案例，简析如何基于数字技术平台对场地山水环境分析及山水环境生态空间格局构建，为场地设计提供科学有效的依据。

阅读或下载各篇论文可扫二维码

浅析新兴城市数据在城市规划中的应用

沈娅男　上海同济城市规划设计研究院有限公司

摘要：本文对新兴城市数据的概念和类型做了简要介绍，概括归纳了新兴城市数据在城市规划中的研究与应用热点，并以深圳茅洲河碧道建设专项规划为例展示了新兴城市数据在捕捉发掘城市现状问题、辅助城市规划决策中发挥的巨大作用与良好应用前景。最后，本文对当前新兴城市数据应用于城市规划存在的一些问题做了思考总结与展望。

ICT对传统社区配套公共服务设施发展的影响

肖飞宇　上海同济城市规划设计研究院有限公司

摘要：随着中国社会、经济和科技的发展，技术因素对配套公共服务设施使用发挥着越来越重要的作用。在技术快速发展的背景下，许多公共服务设施已经无法适应互联网时代居民的使用需求。这一矛盾在传统社区尤为突出。2007年后是中国互联网环境快速发展的时期。通过对2005年和2018年上海市传统社区配套公共服务设施调查数据的比较分析，对调查数据进行相关性检验及多元回归分析，并结合专项访谈内容，可以发现ICT（信息和通信技术）对不同类型、不同级别的配套公共服务设施使用具有促进、替代和中性三种作用。在使用需求的推动下，高等级公益设施单体规模快速增长，空间上均衡发展；低等级公益设施调整较大，空间上不平衡发展；高等级商业设施数量增长较快，空间上不断分散；低等级商业设施类型变化较大，空间上开始集聚。

夜间灯光数据在城市群分析研究中的运用方法

丁家骏　上海同济城市规划设计研究院有限公司

摘要：结合规划实践案例，系统梳理夜间灯光数据的运用方法，包括：夜间灯光地图的观察方法、夜间灯光强度变化分析方法、基于夜间灯光数据的城市建成区提取方法、基于夜间灯光数据的城市群重心识别方法，定性分析与定量分析相结合。夜间灯光地图的观察方法分为“观明”和“察暗”两种，“观明”可识别人口、经济和建设用地集聚区，比较城市群发展轴集聚态势，把握城市轴和区域轴演化等；“察暗”可辨寻大都市周边“星空保护区”等。通过夜间灯光强度变化分析，可对不同区域的经济社会发展态势进行判断。基于夜间灯光数据可生成城市“灯光建成区”，更好地刻画城市人气、城市生活实际覆盖的地域。计算灯光强度加权重心，可分析城市群重心移动历程，展望城市群演变趋势。本研究可为当前全国国土空间规划、长三角一体化规划、城市群规划、大都市区生态与旅游规划等提供新的分析视角。

阅读或下载各篇论文可扫二维码

后　记

第 8 届金经昌中国青年规划师创新论坛征稿采用单位推荐和个人报名的方式，得到了相关单位的大力支持和青年规划师的踊跃参与，共计征集到 107 份报名材料。稿件来自于高校、科研院所与各类设计机构，形成了一定程度上的多维视角与观点碰撞。

组委会专门组织了同济大学建筑与城市规划学院教授、论坛主持及策划人等校内外行业专家，就议题对所有材料进行了评议，选取其中 76 份紧扣主题、特色鲜明、具有讨论价值的稿件，经修订后，汇编成集。同时，选取了其中的 30 份稿件，推荐参与论坛宣讲交流。论文集若有不足之处，敬请谅解。

提交参加第 8 届金经昌中国青年规划师创新论坛征稿的目录如下（按收稿时间顺序）：

题目	姓名	单位
西北地区资源型城镇开发边界划定的探索实践——以铜川市为例	王海涛	陕西省城乡规划设计研究院
半城市化地区城乡规划实施探索——以深圳观湖下围土地整备利益统筹试点项目规划研究为例	兰　帆　林　强	深圳市规划国土发展研究中心
基于地级市城镇开发边界划定的实践及思考	唐小龙	江苏省城市规划设计研究院
论精准规划：南粤村庄规划的实践和思考	陆　学	深圳市城市规划设计研究院
文化基因视角下一般历史地段风貌区的保护与更新研究——无锡南泉古镇的保护与更新	王　波　张俭生	四川大学锦城学院、苏州规划设计研究院股份有限公司
乡村振兴背景下山地乡村小学的困境与规划探索——基于重庆 18 个深度贫困乡镇的小学布局研究	吴星成	重庆市规划设计研究院
城镇村公路交通网络可靠性特征与经济联系关联分析	魏　猛等	重庆大学建筑城规学院
机构改革背景下沈阳市空间规划体系探索	盛晓雪	沈阳市规划设计研究院
传统智慧对现代乡村治理的启示——从“白鹿原”到现代乡村治理	张军飞　宋美娜 刘碧含　史　茹	陕西省城乡规划设计研究院
从“管理”走向“治理”：实现广州美好人居的城市更新之路	万成伟	中国人民大学城市规划与管理系
昆山市道路桥梁桥下空间利用规划与导则	肖　飞等	苏州规划设计研究院股份有限公司昆山分公司
新经济、新空间、新方法	王　旭	深圳市规划国土发展研究中心
健康导向社区公共空间微更新规划方法及实践探索——以上海市开鲁新村为例	杜怡锐等	同济大学建筑与城市规划学院
中日城市地下空间规划体系对比研究	袁　红等	西南交通大学建筑与设计学院
城市公共空间失序的识别、测度与影响评价——北京五环内基于街景图片虚拟审计的大规模分析	陈婧佳等	清华大学建筑学院
社区微更新的制度化路径——试议浦东新区缤纷社区建设	赵　波	浦东规土局
以人为本的国土空间规划范式解读——以协调“永久基本农田保护红线”与“城镇开发边界”为例	洪梦谣	武汉大学城市设计学院
基于智能城市评价指标体系的城市诊断	周新刚	同济大学建筑与城市规划学院
生态与信息文明时代的产业园区转型发展与规划响应探索——以沈阳中德高端装备制造产业园为例	李晓宇	沈阳规划院

题目	姓名	单位
城中村更新治理的公租房模式探讨——以深圳市柠盟人才公寓改造为例	张 艳	深圳大学建筑与城市规划学院
基于多源大数据的“人居品质评估”实践	付昊琨	北京城市象限科技有限公司
特大城市空间结构的特征及绩效研究——以广州为例	范佳慧	同济大学建筑与城市规划学院
基于历史文脉梳理与大数据分析的地域线性文化遗产活化研究——以宁波市域古道为例	田 轲等	深圳市蕾奥规划设计咨询股份有限公司
空间治理应对气候变化	樊 珂	华南理工大学与广东省城乡规划设计研究院联合培养
人本思想导向下的宜居环境规划建设实践与思考——以西咸新区为例	唐 龙等	陕西省城乡规划设计研究院
河津城市绿色空间历史回归型修补方法探索	张 雯	西安建大城市规划设计研究院
新时代地域文化符号的空间应用与创新——以广东省岭南文化空间塑造为例	伊曼璐	广东省城乡规划设计研究院
超越“美丽”的乡村振兴之路——基于浙江省9镇36村地方产业驱动乡村发展的典型模式研究	陈 晨等	同济大学建筑与城市规划学院
小城大为：鹰潭城市双修规划实践探索	林凯旋	北京清华同衡规划设计研究院有限公司
政府干预视角下城镇体系协调发展的理论分析	李文越	清华大学建筑学院
一个鱼塘引发的“血案”	黎子铭	华南理工大学
预则立，不预则“费”——西咸新区空间“预治理”方案初探	曹 静	深圳蕾奥规划设计咨询股份有限公司
历史维度下的“城市双修”再认识	菅泓博	西安建筑科技大学建筑学院
盛京皇城历史文化街区价值认定与空间风貌管控探索	李晓宇等	沈阳市规划设计研究院有限公司
运营时代下的城市战略规划探索——以普宁市为例	王 艳	深圳蕾奥规划设计咨询股份有限公司
健康城市引导下的城市空间治理——中国医科大学老校区地区改造为例	金锋淑等	沈阳市规划设计研究院
基于“目标—制度—内容”设计逻辑的控规改革思考	曾祥坤	深圳市蕾奥规划设计咨询股份有限公司
释放活力，协同创新，共享成果——城市“微更新”制度化建设的路径初探	张莞莅	深圳市蕾奥规划设计咨询股份有限公司

题目	姓名	单位
“人间烟火”柴米油盐也有诗与远方——通过社区营造进行旧城存量更新	张海翱	上海交通大学设计学院建筑系
文化特质彰显与空间品质提升的耦合路径探索——以苏州胥口镇孙武路周边地块城市设计为例	林凯旋	北京清华同衡规划设计研究院有限公司长三角分公司
从空间供给到空间治理：珠三角村镇工业化地区公共服务设施提升策略——以中山市西北部组团为例	李建学	广东省城乡规划设计研究院
中国都市圈高质量发展的空间逻辑	吴昊天等	深圳市城市空间规划建筑设计有限公司
面向国土空间规划体系构建的广州城镇开发边界划定探索	李晓晖等	广州市城市规划勘测设计研究院
绿色发展导向下的国土空间规划编制	林辰辉	中国城市规划设计研究院上海分院
市县级国土空间总体规划编制思考和实践探索	肖志中	武汉市规划研究院
多维·协同：新时期市县国土空间总体规划实践思考	盛　鸣	深圳市城市规划设计研究院有限公司
博弈与共赢——乡村改造中规划与实施的初探	高敏黾	上海同济城市规划设计研究院有限公司
新型数据在城市诊断中的应用研究——以廊坊市“城市双修”总体规划为例	韩胜发等	上海同济城市规划设计研究院有限公司
柔软的城市——关于空间社会弹性的思考与实践	蔡一凡	上海同济城市规划设计研究院有限公司
从菜场到市场——浅议上海传统社区菜场的空间品质提升	袁俊杰	上海同济城市规划设计研究院有限公司
新标准影响下的居住区公共空间布局思考	陈晶莹	上海同济城市规划设计研究院有限公司
基于“保护性-补偿性-结构性”框架的城市新区生态安全格局构建	徐　进	上海同济城市规划设计研究院有限公司
国土空间规划五级三类体系强制性内容研究	马　强	上海同济城市规划设计研究院有限公司
非成片历史风貌地段公共空间活力重塑——以上海北京东路地区为例	刘曦婷	上海同济城市规划设计研究院有限公司
新区综合型建设中的城市设计引导	章必成	上海同济城市规划设计研究院有限公司
让互联网赋能城市空间	刘竞辰	上海同济城市规划设计研究院有限公司

题目	姓名	单位
走向滨江：浦东滨江绿地空间优化初探	牛珺婧	上海同济城市规划设计研究院有限公司
市县国土空间规划传导体系的实践探索	李　航	上海同济城市规划设计研究院有限公司
空间规划背景下城市工业用地比例研究	赵向阳	上海同济城市规划设计研究院有限公司
地级市国土空间总体规划内容框架思考——以荆州市为例	贾晓韡	上海同济城市规划设计研究院有限公司
基于小城镇生活圈的城乡公共服务设施配置优化——以辽宁省瓦房店为例	康晓娟	上海同济城市规划设计研究院有限公司
国土空间规划背景下的自然保护地体系——以西双版纳州景洪市为例	彭　灼	上海同济城市规划设计研究院有限公司
国土空间规划需求下的“双评价”技术框架优化思考	黄　华	上海同济城市规划设计研究院有限公司
城市健身房——基于城市设计与公众健康的构想	郑思佳	上海同济城市规划设计研究院有限公司
基于不同年龄人群的公共服务设施配置研究	陈亚辉	上海同济城市规划设计研究院有限公司
“精细化”视角下的“城市微更新”——以苏家屯路美丽街区提升规划为例	程　婷	上海同济城市规划设计研究院有限公司
教育设施引领下的新城品质提升探讨	王娜雯	上海同济城市规划设计研究院有限公司
现代城市人行天桥的死与生——基于过去、现在、未来的视角反思城市内部空间演变与治理	王威汐	上海同济城市规划设计研究院有限公司
如果同济大学站没有 5 号口	徐　浩	上海同济城市规划设计研究院有限公司
垃圾攻略——构建无废社区的实践探讨	段王娜	上海同济城市规划设计研究院有限公司
钢管社区的“型与色”——慢速写式空间修补	段　威	上海同济城市规划设计研究院有限公司
基于乡村振兴的镇村联合单元探索（以武胜县为例）	蒲　锐	上海同济城市规划设计研究院有限公司
浅谈基于数字技术的山水环境场地空间分析	邱燕娇	上海同济城市规划设计研究院有限公司
基于需求多样化的公共空间优化研究——以成都市为例	陶　乐	上海同济城市规划设计研究院有限公司

题目	姓名	单位
从“网红圣地”到城市空间的可识别	张庚梅	上海同济城市规划设计研究院有限公司
破墙而生——南京颐和路历史街区复兴探索	陈　静	上海同济城市规划设计研究院有限公司
收缩城市镇村体系的社会规划方法——以通辽为例	陈诗飏	上海同济城市规划设计研究院有限公司
文化基因视角下少数民族村寨格局传承与重构研究——以泸沽湖摩梭小镇设计为例	董　乐	上海同济城市规划设计研究院有限公司
支持野生鸟类生物多样性的城市公园空间效能评价及形态优化	洪　莹	上海同济城市规划设计研究院有限公司
区域转型背景下城市水系规划探索研究——以任丘为例	黄　敏	上海同济城市规划设计研究院有限公司
从“人工”到“智能”的理想人居环境	姜　涛	上海同济城市规划设计研究院有限公司
关于乡村人居环境整治在规划层面的思考——基于锦溪镇现状调研	蒋秋奕	上海同济城市规划设计研究院有限公司
为大众做的公共休闲产品——以环巢湖国家旅游休闲区为例	黎　慧	上海同济城市规划设计研究院有限公司
苏南乡村地区土地流转及农业规模化经营的成本-效益分析——以锦溪镇长云村为例	李　易	上海同济城市规划设计研究院有限公司
由乡村垃圾“城镇化”引发的反思——以岚县乡村振兴规划为例	吕　帅	上海同济城市规划设计研究院有限公司
重焕光彩的珍珠小镇——诸暨市山下湖珍珠小镇景观规划浅析	逄丽娟	上海同济城市规划设计研究院有限公司
结合工作对山地城市控规编制的几点心得——以攀枝花市花城新区渡仁片区（金福单元/干坝塘单元）为例	邵　玥	上海同济城市规划设计研究院有限公司
浅析新兴城市数据在城市规划中的应用	沈娅男	上海同济城市规划设计研究院有限公司
以多规合一推动全域空间治理——济南市南部山区专项规划的实践	师明怡	上海同济城市规划设计研究院有限公司
对竞争思维导向的村庄发展思路的反思——乡村振兴视角下的村庄规划思考	田椿椿	上海同济城市规划设计研究院有限公司
基于枢纽经济的空港经济区功能定位研究——以赣江新区临空组团二期为例	王林峰	上海同济城市规划设计研究院有限公司

题目	姓名	单位
山岳型城市风景名胜区的产业发展研究——滁州琅琊山风景名胜区及其周边土地开发利用	魏　婷	上海同济城市规划设计研究院有限公司
ICT 对传统社区配套公共服务设施发展的影响	肖飞宇	上海同济城市规划设计研究院有限公司
从“网红打卡”到“实力留人”——城市 IP 塑造与城市品质规划联动关系思考	邢真真	上海同济城市规划设计研究院有限公司
从棕色到绿色遗产——基于云南省禄丰县德胜钢厂搬迁改造的思考	徐春雨	上海同济城市规划设计研究院有限公司
从产业重构到空间更新——株洲清水塘老工业区改造规划实践与启示	徐剑光	上海同济城市规划设计研究院有限公司
从“搬进来”到“活出彩”——以右所镇西湖村生态搬迁安置区为例	许景杰	上海同济城市规划设计研究院有限公司
向往的公园——以镇海新城西大河运动公园规划设计实践为例	姚雪梅	上海同济城市规划设计研究院有限公司
数据如何增强街道空间整治——以南京西路为例	张　琳	上海同济城市规划设计研究院有限公司
旅居型小城镇的开发探讨——以禄丰县温泉和石门水库组团控规和城市设计为例	张　涛	上海同济城市规划设计研究院有限公司
生态旅游区交通规划对策研究——以济南市南部山区为例	周　敏	上海同济城市规划设计研究院有限公司
国土空间“三区三线”划定的技术原则和思路内容探讨	魏旭红等	上海同济城市规划设计研究院有限公司
重塑公园开放，链接城市步网——“开放街区化”的理念和启示	吕圣东	上海同济城市规划设计研究院有限公司
城市居住人口空间分布与发展变化研究方法探讨——基于居民到户用水数据	邢　栋等	上海同济城市规划设计研究院有限公司
基于 LBS/手机信令大数据的城市交通分析与评价技术方法研究	胡刚钰等	上海同济城市规划设计研究院有限公司
夜间灯光数据在城市群分析研究中的运用方法	丁家骏	上海同济城市规划设计研究院有限公司
公共与公平——场景营造视角下旧工业区更新的方法组合论	王剑威	上海同济城市规划设计研究院有限公司

参加推荐单位名单（30家单位，排名不分先后）：

北京城市象限科技有限公司

北京清华同衡规划设计研究院有限公司

重庆大学建筑城规学院

重庆市规划设计研究院

广东省城乡规划设计研究院

广州市城市规划勘测设计研究院

华南理工大学

江苏省城市规划设计研究院

清华大学建筑学院

陕西省城乡规划设计研究院

上海交通大学设计学院

上海市浦东新区规划和自然资源局

上海同济城市规划设计研究院有限公司

深圳大学建筑与城市规划学院

深圳市城市规划设计研究院有限公司

深圳市城市空间规划建筑设计有限公司

深圳市规划国土发展研究中心

深圳市蕾奥规划设计咨询股份有限公司

沈阳市规划设计研究院

四川大学锦城学院

苏州规划设计研究院股份有限公司

苏州规划设计研究院股份有限公司昆山分公司

同济大学建筑与城市规划学院

武汉大学城市设计学院

武汉市规划研究院

西安建大城市规划设计研究院

西安建筑科技大学建筑学院

西南交通大学建筑与设计学院

中国城市规划设计研究院上海分院

中国人民大学城市规划与管理系

感谢所有作者对“金经昌中国青年规划师创新论坛”的支持！感谢所有参加推荐单位的大力支持！

第8届金经昌中国青年规划师创新论坛组委会

2019年11月